后来我才渐渐明白，
决定我们走多远的，
是我们在无人理解时的坚持和耐力，
是我们在绝对孤独时的心境与心态。

去做自己擅长的，且能做得更好的事情，

去放弃困扰自己的，无法完成的任务，

从认识到接受自己的平凡，

需要漫长的过程。

时间就像一块打磨石，从不在意我的反应。
它用每一分每一秒，
一点点打磨着我的心绪、我的性情，
它像雕刻艺术品那般，
不慌不忙，不疾不徐。

如果把人生拉长，
你会发现得失无常，一切都是公平的。
人生这条路上，
未来和过去无不大雾弥漫，
我们唯能看清的其实是眼前的路。

人和人在一起，需要天时地利人和，

才能有缘聚在一起细数细水长流的日子。

人最美的姿态，就是可以勇敢去要，
也可以甘心放下，可以给予，
也可以转身。

生活难以两全，

我更想让自己永远拥有探索的精神，

保持好的状态出发，

遇见，抵达。

我爱这星河滚烫的人间

韦娜——————著

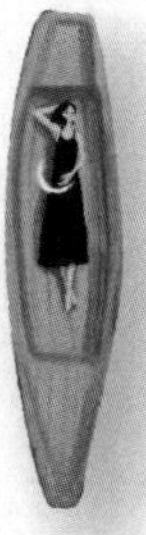

中国画报出版社 · 北京

图书在版编目（CIP）数据

我爱这星河滚烫的人间 / 韦娜著. -- 北京 : 中国画报出版社, 2025. 3. -- ISBN 978-7-5146-2511-0

Ⅰ. B821-49

中国国家版本馆CIP数据核字第2024N49G50号

我爱这星河滚烫的人间

韦　娜　著

出 版 人：方允仲
责任编辑：王韵如
责任印制：焦　洋

出版发行：中国画报出版社
地　　址：中国北京市海淀区车公庄西路33号
邮　　编：100048
发 行 部：010-88417418　010-68414683（传真）
总编室兼传真：010-88417359　版权部：010-88417359

开　　本：32开（880mm×1230mm）
印　　张：8
字　　数：220千字
版　　次：2025年3月第1版　2025年3月第1次印刷
印　　刷：天津鑫旭阳印刷有限公司
书　　号：ISBN 978-7-5146-2511-0
定　　价：49.80元

自 序

亲爱的，你好啊，感谢你翻开我的书，走进我的世界。我多么希望自己的文字可以在你的生命中多停留片刻，温暖每一个路过的你。

写这些文字时，我已经大学毕业十三年了，先在北京工作九年，而后在上海工作四年。写作的路，我走了十一年。

毕业后的生活和工作一直非常忙碌，我在北京和上海两座城市来回游走。2021年上半年，我的上海户口终于办妥，巧合的是，我居然是在世界读书日这一天拿到的新身份证，这一切似乎在告诉我——你的改变都是读书带来的。

从小镇女孩到新上海人，我用了三十多年的时间。最深刻的体会，不是那句很风靡的话——我用了三十年的时间，终于能够和你坐在一起喝咖啡，而是，原来只要努力，就可以游到梦想的彼岸。假如你也有梦想的话，一定要好好努力，毕竟随着年龄的增长，你的承重越多，梦想也会越来越不容易实现。

01

在北京工作时，我在那座城市漂浮，印象最深刻的应该是在意林做讲师的那段经历。在同事小布丁的鼓励下，我去了很多学校讲课。四五年的时间，我讲了两三百场。那段时间，我在各个讲台穿梭，总在匆匆赶路，但内心很孤独。每次坐飞机、高铁，或者在宾馆里的夜晚，我都会看书、写作。

记得跟着索明丹老师出差时，有时晚上我会爬起来写作。一天晚上，她醒来看到我的背影，说：“你不需要睡觉吗？女孩子没有必要这么拼命吧？我睡之前你在写作，醒来后又看到你在写。你又不一定能成名，还不如过好普通的生活，赶紧找个男朋友嫁人啊！”

其实，我当时并没有拼的概念，真的只是喜欢。写作的时候很心安，也真的喜欢把一腔热情倾注在文字里。喜欢是投入做事的基础。

直到现在，我还是很怀念那段时光，灵感仿佛就住在我的思绪里，像鱼一般活跃、欢腾。语言从四面八方向我涌来，那时的文字可能相对青涩，但无比真诚。

最初讲课，我喜欢去南方的城市，互动效果比较好，讲起来也非常顺利、带劲。我曾经以为所有的学校都是这般模样，直到后来去了一次西北的一个城市，我改变了想法。

在那所学校，学生们都坐在操场上听我讲课，我迎着风讲了半天。到了提问的环节，大家都沉默不语，唯有一个男孩给我讲了一个悲伤的故事——爸爸去世了，妈妈走了，奶奶不需要镜子，所以他家里从来没有镜子。

六岁那年，他去找同学玩，在一面墙上看到同学和自己，吓了一跳。同学告诉他，不要怕，那是镜子，能看到自己。他却哭着跑回了家。原来，那就是镜子，他看到了镜子中的自己。看清了自己的狼狈，反而更难过。说着说着，小男孩又想落泪。

我不知如何安慰他。临走的时候送给他一些书和一面小镜子，以及一句话：人这一生要拥有两面镜子。普通的镜子，只能让你看到表面的自己。而读书，却是心灵的镜子，能让你看到真正的自己是什么模样。男孩似懂非懂，推辞着说不想要我送的镜子，更喜欢我送的书。

听完小男孩的故事，再接出差的任务时，我更愿意去偏僻的地方讲课，觉得那里的学生更需要我这束微弱的光。我讲经典文学名著，分享其中的故事，分享我的感受。

此时此刻，回忆过去，好怀念那时特别努力讲文学课的自己，真是动力满满，好像永远不知疲惫。也特别感谢那段辛苦出差讲课的时光，需要不停地看书，不停地讲课，我也因此背诵了许许多多文学作品的段落，直到现在，依然可以倒背如流。

02

后来，我离开生活了近十年的北京，来到了上海。在北京，我跟索明丹老师是邻居，她也是意林的讲师，到现在她还在全国各地演讲。我真的很佩服她，也有些不太舍得离开她。

但那个时候的自己，也到了一个非要抉择不可的时刻。要么背水一战前往捷克留学（有同事恰好要一起去）；要么义无反顾地来上海，尝试跟一个男孩开始一段感情，不一定有结果，但应该很浪漫。我选择了后者。现在想来有些后怕，也有些冒险。那时的我，真的是非常有勇气。

这勇气，可能是《少有人走的路》给予我的。书里有两句话，我到现在还记得——第一句是“人生苦难重重”，第二句是“人生最大的安全感，是敢于直面不确定性”。好吧，我要去直面人生的不确定性了。2018年的植树节，我的生日，没有蛋糕，没有祝福，我丢掉所有的旧衣服，把所有的书都囤积在了自己的小房子里。之后，拉着一个小皮箱就来到了上海。

初到上海的那些天，一直下着雨。我就在那场春天的雨中，很快投身工作，犹如一滴水落入一片海。上海这座冷漠又客气的城市，不会有人在意我的到来，就像北京那座古朴又文艺的城市，根本不会有人在意我的离开。

我一直住在上海洲海路的森兰社区，工作也在这里。我的印象中，上海就是洲海路。每次为活动做主持，乘坐地铁来到上海繁华的街道，我都有种错觉，以为自己来到了另一个城市。但走到南昌路那种老街，又会生出许多亲切感。

带着这种复杂的情绪，我在上海这个炼炉中，真正地长大了，也开悟了许多。就在今年，我重新读《少有人走的路》里的“人生苦难重重”那句话，好像才真正读懂了它的含义。它意味着每个人都要去面对和经历无数次的绝望，才能重见光明。

我们每天都可以看到阳光，就会理所当然地以为，这天然是属于自己的一部分。但事实上不是。只有经历许多事情后，才能明白寻常的可贵，才会懂得光芒与爱都是奢侈品。年纪越大，越能深刻地认知到这件事。

我觉得自己的“不惑”提前到来了。因为经历、磨难，也因为读书、思考。

经常有读者问我，一个人最重要的能力是什么。其实，每个人的评价标准不同。或者说，每个人在每个阶段的认知不同，所以评价标准不同。之前，我更看重工作的能力，后来，我更看重一个人与这个世界相处的能力。

再后来，我慢慢地发现，一个人最重要的能力，其实是他感受这个世界的能力——可以连接他人、感受他人的情绪。不管何时、在哪一种困境中，都可以积极向上、保持乐观，不管经受怎样的考验，都能保持一种隐忍的耐力。

经历、处境都会影响一个人的心态，人的想法甚至会每七秒钟变换一次。我很怕自己在这种动荡的变换中，垂垂老矣，慢慢失去少年时的锐气，变得日益麻木。

所以，我更希望自己在拥有和失去之间，在得到与舍弃之间，永远不会失去感受的能力。有好的心情去感受自然，有好的状态去远方看看，更有向上的姿态和健康的体魄。保持好的审美能力，不管何时，都能因听到一段喜爱的音乐而备受鼓励，也能因读懂一幅画的寓意而产生共鸣。

对，就是这种对生活的感受能力，与他人的连接能力。

愿你我都拥有它。

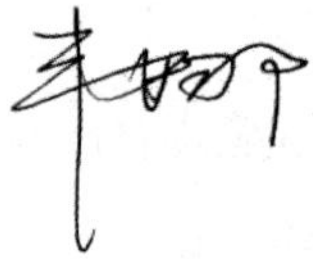

目录 CONTENTS

01 第一章 有些未来我不想去

02 第二章 守护内心的方式

第一章

有些未来我不想去

后来你问我，成长至今，记忆最深刻的是什么。

我回答，是痛苦，是失眠。

那些闪着光的时刻，已经熄灭在昨晚。

那些快乐又自由的时刻，仿佛还在未来。

幸好，去掉那些慌张、自卑、笨拙，我也逐渐找到了

一些让自己更自洽地与世界相处的方式。

只是，天真、笨拙并不容易褪去，

后来它们与我融为一体，成为崭新的我。

感谢那个
上班“摸鱼”的年轻人

01

参加了“酵母”的一期企业培训课，我发现，让管理层感到困扰的问题之一是如何激发年轻人的工作热情，防止大家“摸鱼”。

年轻人现在越来越喜欢说一个词，叫“上班摸鱼”。他们每天都会在工作结束的那一刻感慨一句：今天我“摸鱼”了，但我依然不快乐。老板们应该非常讨厌“摸鱼”的员工，毕竟他们更希望每一个员工在工作的时间投入全部精力。

上班“摸鱼”，说明现在的年轻人越来越自我，但他们越是想把工作和生活分开，越发现两者的界限在神奇地消失。

每天上班前，我也会规划“摸鱼”的时间，比如发呆或者上洗手间，下班了以后，我要享受生活——去做饭，去聚餐，去看脱口秀，甚至去做一条咸鱼躺在床上也可以。可一天下来，我依然感到疲惫异常。工作和生活正在变得不可分割。

我并不赞同稻盛和夫在《干法》里所说的："人要学会把时间和精力都献给工作。"仿佛工作才是生活的主角。

我更欣赏曾仕强老先生的生活态度，"让工作成为生活的一部分"。学会给自己留一些空白，留一些时间思考、发呆、感受世界。这适当的留白，会给生活带来许多的可能性。

当你学会给自己留白，学会在固定的时间努力时，会突然之间发现自己已经会合理掌控属于自己的时间了。这种掌控感，是一种很微妙的感觉，会让你感谢并接纳自己。

02

我一直很感谢在意林工作的那段时间，尤其是出差讲课的经历。那时，我每天只需要讲一小时的课，其他的时间做什么事情呢？我会待在酒店里看书、休息。待到快要黄昏时，打一辆车绕着城市最好的风景点走一圈，再去吃当地的特色美食。晚上回到酒店，把这一天的感受写下来。待这一天匆匆结束，我又会在第二天赶往另一个城市。

那时，我精力旺盛，争分夺秒，特别有勇气，也特别雷厉风行。直至今日，我仍然很感谢那些日子的出差经历，因为每天留出来的看世界的时间，给了我不一样的生活体验。

那时的自己每天都在写作，一口气出版了五本书后，我来到了上海，过上了循规蹈矩的职场生活。上班，下班，加班，遇见同样的人，焦虑不一样的事。我去做线下活动，去做主持人，去采访，去直播，日程被要做的事情塞得满满的。我一直埋头做事，丢失了抬头看星空、看人群、看风景的时间。

就在这样的生活中，我看似活得很认真，没有“摸鱼”的时间，但我也没有时间写作、记录、探索自我。我把过多的时间用在了做事上，一件事接着一件事，忙到没有时间停歇、思考。慢慢地，我发现自己的生活好像只剩下一堵墙，我只在墙里做三件事——醒来、工作、睡去。

所以，我才说，真的要感谢那个敢于在工作中“摸鱼”的年轻人。他还在思考自己是谁，要做什么样的事情，要去过什么样的理想生活。工作和生活之间总有一个平衡点，我们要清醒地认识到，除了工作，还有我们想追求的生活。

03

生活不是一蹴而就的。一开始特别笃定的价值观，在后来的某一个时刻你会怀疑，会否定，会为此辗转反侧，然后欣喜若狂地得到一个答案，继续往前走。走一段时间后，又会发现从前的自己很傻，被摒弃的东西如此珍贵，于是重拾过去的理念，继续往前走。

这需要一个过程，这个过程可能会很漫长，这是一个修心的过程，或者是逐渐打开自己的过程。

如果可以，适当“摸鱼”，一旦找到自我，请立刻行动，不要偷懒，不要怀疑。就在这个当下，做出决定，并活出更好的自己。

我和我那些
不必过分认真的理想

01

2021年，我三十五岁了。这个年龄，再谈理想，有些牵强。仿佛理想、乌托邦、梦想这些词语，都应该是三十岁之前才有的奢侈的愿望。她们说，三十五岁，要么讨论养生，要么讨论裁员，要么讨论养护孩子或赡养老人，要么讨论生活压力与工作困境，千万不要提及人生理想，因为一部分人已不再相信“梦想”这个美好的词。

所以，当我看到一个公众号的一期主题叫“我和我那些不必过分认真的理想”时，突然很喜欢，也很有共鸣，激动得要落泪。

因为，这句话几乎可以概括我2021年所有的状态——不断地尝试，不停地改变、努力、妥协、挣扎，但从未放弃。多年过去了，写作的梦想，我真的还在坚守。想到这里，感动得想抱抱自己。

02

2021年，应该是我人生中变动最大的一年。站在年末回首这一年，只能想起四个字：兵荒马乱。落户、买房、装修、贷款、换工作，父亲生病，我去重症监护室陪伴了十天。每一件，都不是惊天动地的大事，但落实每一件事，都耗尽了我全部的精力。

带着不安的情绪，我换了两份工作，最终确定的这份出版社的工作，让我的心变得非常安静。心安即是归处。

这一年，印象最深刻的事情有很多，其中之一，肯定是面试。大概有两个月的时间，我好像一直在面试，在上海的地铁里跑来跑去，但每次面试，我都收获颇丰。因为每次面试，都要和面试官交流，有的工作要与好几个面试官见面交流。面试官的问题都很有意思，这些问题会逼迫我想一些平时无法顾及的事情。

选择一份工作和选择一个爱人，同样重要。加入一个新的工作团队，是缘分的开始；离开一个工作岗位，也真的是缘分尽了。每次都有许多理由，让我们选择加入一家公司，但一定会有更多的理由，让我们选择离开它。

有时候，我觉得工作和人生一样，聚聚散散，起起落落，也是缘分所定。不必强求，也不必挽留。毕竟我们这一代人，想专心致志地投入一份工作，不是一件容易的事。外界的诱惑太多，内心的不安定又时常跑出来作怪，还有对现实的不满，对自己的种种期待。

有时，我们根本分不清是出于欲望，还是本能的需求，才要往外走，去看一看，去试一试。因此，年轻人会不停地变换工作，改变状态，改变心情，以此让自己适应这个变化的世界。

我走了一大圈后才发现，如果自己想要的东西面目模糊，不管怎样周转，最后的答案与体验都是失败的；如果确定了自己想要做的事情，就可以充满力量，迎接各种可能性。

所以，我更建议每一个迷茫的年轻人，一定要先问清楚自己想要的是什么，最在意什么，再去行动。不然换工作可能会让自己更慌张。不过，要记得经常更新自己的简历，收到面试邀请要记得去赴约聊聊。面试的路上，也有很多乐趣、很多收获，还能开阔视野。

我最大的遗憾，是自己在年轻的时候，尤其是刚毕业那几年，没有多换几份工作，多去体验，然后做出选择，看看自己更适合什么样的工作。因为工作是一个窗口，代表了你看世界的视角，你能接触到的人群，你生活的方式与态度。换工作的时候，你要思考、选择、比较，会纠结，甚至痛苦。但这个过程恰恰告诉了你自己是谁，以及适合做的事情。

虽然安稳很重要，但这世界并不存在绝对的安稳。大多数工作都是充满风险与挑战的。如果人在年轻时，无法鼓足勇气去尝试，中年以后，机会更少。随着年龄的增长，试错成本会越来越高。

03

我的一个朋友在一份工作中一直是得过且过的态度。

三年前，他抱怨眼前的工作没有前途。三年后，他依然固执地待在那里，原因是他觉得自己无处可去。三年来，他没有准备过一份简历，更没有去面试过其他公司。

我们常说一个人的贫穷，不单单指他可支配的物质贫乏，同时也指一种状态。一个人心甘情愿地在困境中，把本来追求精致、上进的精神世界消磨殆尽。慢慢地，状态变成了——我就先待着吧，外面的世界还不如现在这般自在、轻松。

让轻松成为我们衡量一份工作的标准，这是很可怕的惯性。我很讨厌这种可怕的、坏的惯性，给我造成的舒适区。因为它无法为自己增值。

04

我去出版社面试的时候，面试我的有五个老师，着实吓了我一跳。后来我被录取，其中一位面试的老师评价我，说觉得我眼中有光。这句话，感动了我许久，也是我下定决心要加入他们的原因。毕竟一旦到了三十五岁，会发现许多词语，比如才华、梦想、美貌、修养等，都过于隆重。如果有人还能看到你的闪光点，并且愿意驻留、赞美，那是生活所剩无几的温暖，以及嘉奖。

我愿意为了这几许嘉奖，而不问岁月几何。

如同蒋勋先生所言，看到一群那么优秀的人，那么聪明的脑袋，高速运转。付出很多，也得到很多。他们都停不下来，换成我，我也停不下来。

我坚信，生活有美的入口，只有审视好理想与自己的人，才可以找到它，那么，自然也可以找到让自己停止运转与摇摆的方式。

而我，也将带着那些不必过分认真的理想，走向更适合自己的人生入口。坚守我钟爱的，放弃与我不合拍的人与事，我携带着新鲜的理想，轻盈上阵，想走好三十五岁以后的人生。与你共勉。

做得多和想得远，哪个更重要

01

有一个辩题是“做得多重要，还是想得远更重要？”同事们纷纷站队，都认为做得多更重要——你不做，怎么知道自己的不足？想得远的人，都是做白日梦的空想家。

我却有不一样的看法。年轻的时候，人一定要留出来足够多的空白时间供自己思考。对于这个问题，我之前特意采访复旦大学中文系的梁永安老师，问他：“年轻人大学毕业后要做什么事情才是最正确的选择？”

他回答：“如果有条件，建议拿出来一两年甚至更久的时间，四处走走，多去经历，多去体验。”梁永安老师在西藏旅行的时候，遇见了三个刚毕业正在进行毕业旅行的女孩。结果没有路费了，她们开始在西藏寻找商机，发现了一种特别好看的餐具，然后就进了一批货，发给上海的商店来售卖，拿着赚到的钱继续旅行。

她们对他说，同样是旅行，内心的满足感早已不同。

梁老师问她们，什么时候结束旅行，回去考研或工作。

她们回答，等有一天想明白了自己是要考研，还是要工作，再去做。在没想清楚之前做任何事，都有可能会后悔。

其实，就在这个用双眼看世界、想清楚自己是谁的过程中，我们会认识到真正的自我。每个人都有两个自我，一个是真正的自我，一个是想象中的自我，人们更容易沉迷于后者。而找到真正的自我，才是重要的课题。

02

人在特别年轻，欲望很足的时候，更容易着急赶路，设定了一个个的目标，努力将其一个个实现。但在这个过程中，人却变得更迷茫。因此，市面上出现了许多管理类书籍或课程，教人管理时间、管理欲望、管理注意力、管理自我，成为更好的自己，把控更好的人生，等等。读了这些书，听了这些课，多半还是会迷茫，因为你不知道自己明天会遇见什么，而且时间、欲望、注意力、成功，包括自己，都无法通过管理获得平衡。

所以，人最重要的功课，其实是和自己做朋友。只有了解自己、认识自己，眼前和未来才会一片明朗。

当然也存在没有那么明朗的时刻。每当这个时候，我都会把人生想象成一趟遥远的旅程，磨难很多，挑战很多，琐事很多，折磨很多，但期待更多，希望也更多。

人不是仅靠脚踏实地地往前走，就可以活得通透的，反而是需要边走边停、停停再走，才可以走得更从容、自洽。每个人的智慧，就藏在这个走走停停的决定中。

韩国的一位女演员，演了一部电影，让“野蛮女友”的形象深入人心，她也因此声名大噪。之后，很多人来找她演戏，但她一一拒绝了，跑到美国去读书。再回来拍戏，她的功底更好了，戏路更宽，角色演绎得也更自如。她总结，如果当时没有去读书，而是拼命接戏，自己肯定不如现在这般镇定。人可以走多远，不是由运气决定的，而是取决于扎实的基本功。

她赢在哪里？我认为是中止欲望的那个决定。是她敢于放弃的举动，给自己留了学习、思考和成长的时间。

03

之前，我总是习惯让自己处于紧绷的状态——争分夺秒地工作、赶路、写作、思考。不敢放松，也无法放松。尤其是第一本书上市后，非常畅销，找我合作的编辑特别多。

我匆忙地写，不敢、不想也不舍得停下。一直匆匆忙忙地写到2019年，看到一个圈内作者在朋友圈炫耀自己五年出版了十几本书，下面的朋友都在评论他好了不起。但私下里，编辑对他颇有微词。

我顿时感到了不安，继而恍然大悟，人真的要沉淀，要有一种深入的决心，把自己真正地沉入阅读和写作的海底，沉得有多深，浮上来的力量就有多大。

后来的时光，每晚我除了读书写作外，也开始静坐冥想。就在这个停顿的过程中，我发现自己的状态，包括工作和生活都在改变。表面看上去没有从前那么积极，其实找到了令生活和内心都舒服的节奏。

我能理解一些把所有的时间都用来工作的人，他们要同时去做很多事，但这样的状态无法一直持续。会很累，会疲惫，会否定自己。总会有那么一个时刻，人会突然充满勇气，把自己推倒，重新再来。

可能有人会说这是新的成长，我的理解却是，自己在紧绷的状态里崩塌了，只得缓和下来，慢慢前行。在这舒缓的状态中，终于辨识哪种生活节奏才是最适合自己的。

我坚信，人只有不停地靠智慧在合适的时机推倒自己，再爬起来，才能把自己置入更好的状态中。

请你比从前快乐

01

林夏的新书要上市，到最后的阶段，她取了很多书名，来找我帮忙选择一个最有感觉的。在长长的一串书名中，她说自己最中意“请你比从前快乐”，我却最中意“你的人生，不只这样”。

她问我原因。

我说人到中年，我觉得快乐没有那么重要了，有许多比快乐更重要的事情，比如责任，比如修行。日复一日的努力、履责，比快乐重要太多。没有快乐也可以生活下去，说不定还可以生活得很好。只是为了快乐，很容易落入陷阱。

她很惊讶。其实林夏与我年龄相仿，但对生活我们有截然不同的想法。是什么改变了我们？应该是阅历。三十岁左右，我们都交往了男朋友，男朋友都是航空公司的飞行员，我选择了结婚，她因为一些事情选择了分手。就在那一年，她变动特别大，也辞掉了工作。

其实我和她很少见面，但感情很好。她经常对我说：“女孩，你要好好地生活。你代表了另一个我，另一个没有和男朋友分手的女作者所过的生活。”

02

在我的眼里，她依然信奉快乐至上，平日里她会去酒吧喝酒、蹦迪，会去外地旅行、散心，会为了业绩不顾一切，勇往直前。快乐是她的信仰，是一切的基准。我羡慕她一个人的自由、随心。

但我有了不同的生活和态度，似乎变得更谨慎，变成了一个胆怯且有顾忌的成年人。无论做任何事情，我都会想这件事会带给身边的人怎样的影响。我会把自我稍微退后一步，去观察，去衡量，再去做一个选择。这样的谨慎，让我身上的冲动被扼杀了，少了许多突如其来的快乐，但也减少了冒失的危险。

我不仅仅是我，我还是一个家庭、一群读者、一个公司部门的管理者。我的快乐重要吗？当然重要，但并不是唯一重要的，也不是选择的唯一标准。还有许多比快乐更重要的东西，犹如暗能量，围绕在我身边，决定了我的抉择。

我的父母很重要，他们现在年纪大了，对我的依赖已超过之前我对他们的依赖；我的孩子也很重要，他还那么小，每晚都需要我抱着才会睡得有安全感；我的先生更重要，他的工作比我的更为辛苦，他是我的战友，我们只有联合起来，才能在这个城市站稳脚跟；我的工作也很重要，我可能有一天会与眼前的工作告别，但是这份工作给了我生活在这个城市的底气，我若要成为更好的自己，都要在这份工作里体现。

03

林夏笑我太小心翼翼，怀念之前我的勇敢与决心，并问我：“结婚之后和之前最大的变化是什么？婚后，女人的生活真的只剩下了一地鸡毛吗？”

我今天想借这个问题，来回答所有好奇婚姻的朋友。

其实，不只是结婚的人的生活是一地鸡毛。我认为，所有人的生活都是琐碎的、凌乱的。每次我乘坐地铁去上班，看到那些几乎要睡着的年轻人，我想，没有谁的生活永远是岁月静好，像广告宣传页或照片上的那样干净整洁，仿佛无人打扰的空中楼阁。

每个人都有自己的困境，无从选择，只能面对。经常有人说要抵抗命运，但我认为我们都无力抵抗。这不是悲观。我更愿意把人生想象成作家虹影笔下的那条河流，充满苦难、黑暗，也流动着风景、精彩。命运就是水流，我们或逆流、或顺水而行，在每个时间段，都自有安排。

而衡量一个女人是否开始成熟的标志，可以是她生下孩子的那一刻。从此以后，她有了软肋，也有了铠甲。她有了自己要坚守的东西，同时她也有了要保护的人。拥有了孩子以后，我们迅速地成熟了，迅速地长成了更强大的另一个人。

从此，你看待这个世界的角度更为细腻，情感也更为丰富，不再觉得一切理所当然，每次深夜想在外面买醉，会想起还有一盏灯在等自己回家，顿时觉得温暖。你会变得更有责任感，这种责任感也会体现在工作中。你会更为他人着想，这里的他人不局限于家人。这些感觉，不结婚、不经历，无法体会。

结婚后，两个人生活在一起，注定要牺牲很多、付出很多，但会得到更多、拥有更多。这些无法计量、无法表达的拥有，都比快乐更重要，也无法用一种感觉来归纳。

不是快乐不重要了，而是仅仅一个词语，已经无法概括我内心所有的感受了。快乐，这个词简单、纯粹，又很奢侈。但它无法成为我感受这个世界好或坏的唯一标准了。

不管怎样，明天以及明天的明天，依然请你比从前快乐，比我快乐，并能真正地感受到你想要的快乐。

你会成为另一个你，在你不知道的那一刻

01

再见菜菜时，我觉得她成熟了许多。不只是模样的成熟，而是很容易陷入沉思，说起话来更简短有力。她是我在慈怀读书会工作时的一个同事。第一次见到她，很可爱的圆脸，是个大胃王。跟她吃饭，从来不用担心会剩菜，她就像一个吃不饱的“永动机”。

我们相处了短短一年，她就从慈怀读书会辞职，去做了五花八门的工作，销售、金融、培训、广告等等。她每换一个工作，都会给我留言，描述真实的感受和生活的改变。

我们不常见面，但每次见面，她都会带新朋友，让大家认识。菜菜是一个我所羡慕的高情商的社交高手，因为她总能很快地和人熟络，让人对她产生信任。

02

记得有一年冬天，我们在上海一起过年，那也是我们第一次在外面过年。我们包水饺、炒菜、看电影。初二那天，菜菜说：“我要赶去莫干山，去陪第二个朋友过年。”我哈哈大笑，觉得这个女孩可爱至极，过个年也要呼朋唤友，那么多人可以陪伴。

我们经常在微信里沟通。每次聊天，我都能感受到她的成长与变化。最初，我和她交流时，她是那么青涩，每次给我留言，都是很多条，一条只有一两个字，而且大多是感叹词。

慢慢地，我发现她的留言开始变成了一句话，有时，我问她问题，她不再一个字一个字地“蹦”了，而是连成了一句话。偶尔，我问她问题，她会用长长的一段话来回答我，微信名字改成了“青山”。我不知道，她一个女孩子在偌大的上海究竟走过了怎样孤独的路，但在这个过程中，我能清晰地感受到她的成长与成熟。

03

再见到她的时候，她剪掉了长发，清瘦了许多，沉默了许多，不再是一个喋喋不休的女孩。

菜菜说，自己也不知道为什么会排斥与人交流。之前那么喜欢社交的一个人，突然就对社交毫无兴致了。可能与工作有关，她的工作是销售，这就要求她要在短时间内与人迅速地熟络起来。

她给我讲了许多故事，其中一个我印象最深刻。在街头，她看到衣着时尚的中老年女性，也就是她的目标客户，她便会靠近她们，让她们对自己产生信赖感。接下来的时间，她会邀请对方出来吃饭、聚会，进而邀请她们听自己公司的课程。在这期间，没有强制买卖，没有恶意销售，只有分享。她一开始并不排斥，觉得这样做很有意思。

然而，就在某一天，街头一个老太太突然恶狠狠地拒绝了她的帮助，对她敌意满满，满嘴咒骂。她突然觉得很恐惧，收敛了社交高手的所有特长。这件事改变了她，她不再如打了鸡血般那么奋进，那么想认识很多人。她甚至觉得能和身边的人友善相处，已是最大的成就。

后来，她辞掉工作，去考研。她开始有一个梦想，期待自己能够顺利地考上心仪学校的研究生，毕业后离开上海，在一个安稳的工作环境里，安稳地活下去。

04

我还记得最初认识她的时候，她那种热情洋溢的模样。短短几年，怎么判若两人？可能这也是一种成长，认识到自己是一个普通人，能够过好普通的人生，就已足够。人生注定有人闪闪发光，有人默默做事，有抬头仰望星空的时刻，也一定有低头走路的时光。

在这个秋天的下午，一股寒流突然来袭，明明昨天还穿着夏日的裙装，今天就有了初冬的寒意。换上风衣，我突然感觉到了一种压力。

从前很多相处愉快的小伙伴，从我们公司这个平台飞了出去，寻找自己理想的人生。大家都变得更为坚强、坚定，更能认清自我和未来的路。我很欣赏这些在年轻时愿意尝试、折腾的人，是他们让世界充满了更多的可能性，让未知多了几分神秘感。

05

但我依然感慨，从一个文艺少男少女到一个沉稳的社会人，中间相隔好像也没几年、几步。仿佛昨日我们还坐在一起谈论鲍勃·迪伦的音乐与写作，今日已在讨论是继续留在上海还是回到家乡；昨日还在一起做梦，今日不仅已醒来，更要快步向前，做出决定。

真的没用几年，这些新鲜可爱的年轻人，就走完了这段晃晃悠悠的青春岁月。我不禁心疼那些漂泊在陌生城市的年轻人，也心疼已走过巨变的自己。

每到一年结束时，我都会感慨：时光真的是无情啊，人生也无情，就在这夹缝中，仿佛我们无形中都成了无情的人。仿佛必须冷漠、寡淡，与一切事物保持距离，收敛好张扬的欲望，才可以安妥地过完这一生。

但我依然怀念那些从我的生活中退场的老朋友，那些刚到这个城市对未来充满期待的年轻人，他们仰着脸，拥有莽撞的热情、闯荡的决心、自命不凡的信心，以及认真追求梦想的执着。

但愿你我，不管走多远，走到人生哪个阶段，回忆起来都是骄傲，而不是悔恨不已。更愿你我，不管身处怎样的困境，都能拥有时刻安慰自己的能力。

做事，要记得推自己一把

01

2020年的冬天，身边很多作者朋友都在做培训课，各种写作培训课程如火如荼。我也想加入，却没有勇气。其实，2019年的夏天我是慈怀读书会的内容总监，做过女性成长读书会的一系列读书课，销量也非常好。本来是最有基础做课程的我，却在2020年选择了沉寂。

沉寂不仅是因为找不到合适的合伙人一起做课，还有我觉得自己需要更大量的输入，没有自信再去分享。一旦没有了信心，仿佛就没了一切，根本不敢开始。

还有一个更为现实且真实的原因：当时的我太胖了，生过孩子后，有些自卑，觉得自己无法完成这一系列课程——需要有人鼓励我。

这个时候，虾虾出现在了我的生活中。我们虽然认识很久了，但彼此并不了解。她鼓励我做自己的课程，说喜欢我的文字。我们一拍即合，立刻创办了写作工作室—— 艺束光。

虾虾赶紧找人设计了商标，然后我列了目录，我觉得我们都没有准备太充分，就已经上路了。

02

最初报名的人只有六个，而且基本都是我的朋友。但我依然每天晚上直播讲课。就这样，我们一口气做了六期，虽然每一期播放量都增长缓慢，但人数一直在增多，复购率一直保持在百分之九十以上。感谢那些一直陪着我、听我讲课的人，我给他们输出知识，分享我看过的书，而他们的等待、支持，也给了我力量。

我是一个容易满足的人，并没有特别地想过要裂变，要极大的变量。但我们的学员一直在增长，缓慢地增长，在这个过程中，我的心非常平静。

我就坐在一个小茶馆里，开始讲课，一期一期地分享，一期一期地叠加，我开始感受到一种力量。那种完成一件事的满足感在叠加、喜悦感在叠加、知识在叠加、鼓励和温暖在叠加，一点点积累，鼓励和追赶着我往前走。更可贵的是，我开始自己做课程了，许多平台也开始邀请我去讲课。这些意外的收获，更让我坚信，人只有出发了，才会有机遇，才会有朋友，也才会有收获。没有行动之前，梦想和构建，真的就是乌托邦，浮云之间，遇光即散。

做事，还是要记得推自己一把。推你的人，看似是外界的力量，是条件成熟时命运的某种契机，但我感觉最重要的还是自己开始认识到，某些东西必须得到后才能让自己更鲜活。那个推自己一把的人，其实还是自己。

03

大学毕业已经十三年了，我做过几份工作，遇见过形形色色的人。有脾气古怪、出其不意总发脾气的老板，有看似老好人却总是喜欢打击人的领导，有总在说别人却看不到自己缺点的同事，有懦弱而一直隐忍的人，有充满勇气却不得不原地踏步的人。

我们因为各种不得已的理由不停地束缚着自己，直到让自己缩到了角落里，一边感慨生活让自己变成了普通的大人，一边羡慕身边那些还在不断冲锋的同龄人。

我从之前的公司离开的时候，发现身边的人都很痛苦。他们都在埋怨公司，埋怨领导不作为，有时也会来找我诉苦。

一个同事来找我诉苦。他说，待在这里的每一分钟都好痛苦，晚上做梦梦到了和老板吵架。

我说，那可以考虑换一条路走了。

他说，一想到辞职就会很恐惧。想到外面的世界应该是精彩的，但也是模糊的，看不清，内心非常惧怕。所以，不敢换工作。

我说，那就继续待着，去忍受，去妥协，去做事，去找到出口。做出成绩，也是很好的选择。

他说，这个公司是没有希望了。

我不再说话。类似这样的恶性循环在职场中并不罕见。很多人都陷入受害者思维中，自己先败下阵来。生活难两全，我更想让自己永远有探索的精神，保持好的状态，出发、遇见、抵达。但愿我永远不要缩在一个自认为安全的角落里，不肯出来，还不心甘。

04

我打车遇见过一个很有趣的司机，特别有礼貌，也很健谈。他已经四十六岁，之前是外企的员工，被迫辞职后，在家待了大概半年时间。那半年，他情绪非常低落，觉得自己一无是处，脾气暴躁，总是想对身边的人发脾气。

有一天，他发现自己的老父亲在找工作，最后找的工作是帮人在街头卖炸糕。他心疼不已，表面却责备父亲："你这样辛苦让我很难堪，其实我能养得起你！"

父亲说："我要多赚钱，然后给你留着。你看你现在这么颓废，我很担心你的未来。"

这句话让他如梦初醒。当下的努力，不仅仅是为了今天，也是为了明天。

他当了司机之后，体验特别好：工作时间自由，能赚到不错的生活费，还能接触不同的人，见识不同的世界。他不再怨天尤人，也不再担心自己开网约车会遇见从前的熟人。

所以，做事情真的要推自己一把。推自己一把，就是给自己打开了一扇新的窗口，不然谁都不知道自己可以成就怎样的事情，可以走多远，可以拥抱怎样美好的明天。

第二章 守护内心的方式

亲爱的你，还好吗？

是不是总有人对你说，要守护自己的内心，要变得坚强，要变得懂事。

要与这个世界友善、和平相处。

要记得不生气，不与他人计较。

要记得带伞，下雨时不用淋雨回家。

要记得自己已经长大，不要再随时随地流眼泪了。

早晨出门要拿好钥匙，毕竟黑夜里没人等你回家。

晚上到家要锁好门，安全是人生的前提。

仿佛永远学不会发财秘诀，但一直在努力突破瓶颈。

做不到像别人一样斤斤计较，但心平气和才是真实的自己。

愿你永远有爱自己的方式，并能以这样的方式温暖世界。

新的一年，你的目标立好了吗

01

每到年底，朋友圈都会莫名躁动，各种邀请，各种加群，各种聚会，读书的，卖货的，好不热闹。

每加入一个群体，都会有人问：新的一年，你的目标立好了吗？

一些人可能会放出豪言，早已准备好；一些人好像不说出点儿目标，就距离那个更好的自己遥远了许多，于是可能在心里列好了计划，但其实就是一个没有准备好的人。

所以，每年年底是最需要认真思考的时间，思考明年究竟想成为怎样的人，想做怎样的事，想突破怎样的舒适区。

群里有个作者朋友说："我新年最大的目标就是在北京买房！"

豪言一出，众人皆鼓掌。

结果群主一句"前年的去年，他也是这么说的"，瞬间让此目标现了原形。

一个女孩说："我今年的目标是找个男朋友，结果发现我新入职的公司，整个部门都是女生，我遇见男生的可能性太小了。"

群主戏谑："我打算送你一本《单身时代》。"

02

看到别人这么热闹，我也认真思考了很久，在新年第一天写下了十个目标——比如出一本小说、一本合集，比如去布达拉宫、东京旅行，比如游泳减肥。写完以后，翻翻日记，又看到去年新年第一天列下的十个要完成的目标，发现和今年的太相似了。

或者是，这些年，我每个新年第一天写下来的目标都无比相似。

不写下目标，就觉得惶恐不安。写下来以后，还是会按照现实既定的路线走下去，并不会关心目标究竟是什么。有些计划完成了，有些计划的确超出了我的能力范围，有些计划因为懒惰被搁浅了。十个目标，虽然只完成了四个，却依然觉得这一年活得很累。

在新的一年到来的时候，我并没有前往自己心仪的城市旅行，没有瘦到想要的体重，也没有成为更快乐的人。除此之外，因为经历，我比从前更加成熟懂事了一些。

如果成长的过程是不断获得，那我的生活已被许多可有可无的东西塞得满满当当，而我负重前行，披星戴月，却又乐此不疲。每当我松懈时、不满时、焦虑时、想放弃自己时，只是一个转身，我又成了女战士。有人觉得我特别励志，而我却觉得自己有时真的很“丧”。

那么，我还和去年一样吗？我问自己。

答案却是不再一样了，今年的自己更多的感受是好多新鲜的东西无法再刺激自己，或吸引我沉浸其中了。比如抖音，最热门的电视剧、新上映的电影、直播间新款的衣物，它们对我的吸引力比我想象中还要弱。但我看到无数网上发起求助的人，或身边需要帮助的人，我奔向他们时，又好像感到内心的空洞被逐渐填满。

03

三十岁以后，我在某一个时刻突然之间长大了，外物对自己的影响或吸引力变得弱了许多。我更愿意活在自己的小世界里，珍惜独处、珍惜家人、珍惜时间。去做自己擅长且能做好的事情，放弃困扰自己的、无法完成的任务，从认识到自己的平凡，到接受自己的平凡，这是一个漫长的过程。

我没有像从前那般频繁出差，匆忙赶路，也不再患得患失。踏实行走，做好眼前事更为重要。

成熟分两种，一种是生理上的成熟，一种是心理上的成熟。前者是时间的沉淀，后者是境界上的提升，两种成熟是不同步的。

我们经常看到十八岁的大男孩，从外形上看早已与成人无异，但内心没有成熟，就不能算“标准”的大人。从十八岁到三十岁，我终于感受到了“而立”的压力，开始警告自己要去做能完成的事情，要多陪伴家人，要把所有关注外物的精力放在自我成长上。

我修改了我的新年目标，重新写了十个。第一个目标就是带父母去新加坡旅游。当我们不再只想着自己的时候，就是长大了，不再只想把所有的美物一人独享时，想去承担、想去付出时，可能就是成熟了吧？

04

看到一个小故事：一个特别喜欢打游戏的男人，突然得知自己的女儿得了白血病，好在可以医治好。他立刻卸载了游戏，他不是没有时间去玩，也不是没有金钱去享受，而是他要去承担责任，要去照顾女儿。在那一瞬间，他长成了一个成熟的男人。

我们可以逃进游戏，逃进艺术，哪怕是逃进孤独，都可以躲避真实，对现实的人生不闻不问。但或早或晚，终会有那么一刻，有那么一件事或那么一个人让你醒悟，让你找到余生要去负责的事情，让你学会谨言慎行。

或许有人会问我：怎样判断自己是否成熟？想一想，在这新的一年，立目标的时候，我们的规划和目标，是只会为自己着想，还是也开始考虑其他人？是怀着一股热忱和冲动，还是基于现实的考量与思虑？这些就是判断的标准。

如果你还觉得无法判断，还有一个判断标准，那就是立目标的时候，你想过这些事情怎样执行、怎样实现吗？

如果都没有，不如轻松点儿，毕竟目标的含义中也有戏谑的成分，它还有另一个含义——那就是制订计划和完成它，本来就是两码事。

要相信所有的事到最后都是好事

01

有一位年轻的朋友用怀疑的语气问我，是不是自己的运气太差？在北京一直没有找到合适的工作；信用卡还不上，也没有朋友；孤独求索的路上，感觉北京就像一座冰冷的城市；自己一无所有，他人毫无温度……

其实，年轻的时候，我们都一样迷茫，站在相同的起点上，都要走过一段无人理解的路。只是后来，我渐渐明白，决定我们走多远的，是我们在无人理解时的坚持和耐力，是我们在绝对孤独时的心境与心态。

年轻的时候，其实可以允许自己一无所有，可以允许自己失败。只要记得站起来，继续往前走就好。因为在那条路上，你付出的时间太短了。没有走到最后，谁也不知道路是怎样的，结果又是怎样的，你究竟充当了怎样的角色。

毕竟，所有事情的发生，无论是好的还是坏的，最终都是好事。如果你发现眼前的事情还没有变好，无法让你内心轻松，备受触动，那只有一个原因，这件事还没有走到最后。

年轻时的我，也是那么着急、焦虑。每当我投入时间、精力去做一件事的时候，我期待它立刻有回报，立即有回响。如果听不到回响，我就会怨天尤人，或怀疑自己的选择，或莽撞地迅速改变方向。

时间就像一块打磨石，从不在意我的反应。它用一分一秒，一点点打磨着我的心绪、我的性情，它像雕刻艺术品那般，不慌不忙，不疾不徐。

我因为智慧不足，还无法理解时间的用意时，自然排斥它给我的任何考验。而这些考验都被时间打磨成了美丽的花纹，刻在了我的灵魂里。时间，让我认识到耐心的美丽。

02

我记得那是一个冬天，特别糟糕的一段时间，经历了失恋、生病的自己请假在家休息。就在一个下雪天，我突然接到了公司的任务，要从北京出差去一个偏远的城市讲课。我没有拒绝那次出差要求，但遗憾的是，我并没有赶上公司为我订的早班飞机。正当我焦急、深感挫败的时候，又接到了妈妈的电话，说爸爸生病住院了，希望我回家一趟。

在两难的情况下，我安抚了母亲，重新买了下一航班的飞机票，坚持到了那个城市讲完课，又从那边出发回了山东，去看望父母。虽然顺利完成了几件事，我当时却痛哭流涕。因为我突然发现了人的无能为力，一个人能决定的事情是很少的。

那天晚上，就在我失落至极时，突然想到，当天讲完课后，坐在车上，一个男孩敲我的车门。我打开车门，他对我说："老师，你讲得特别好，我都记在心里了。"我很开心地向他道谢。然后车缓缓开走，他骑着自行车跟着我的车走了一段路，那一刻让我觉得特别值得。

这一刻的值得，就是动力，也是成长。生活是由很多细节组成的，如果我只去回想那段经历，可能真的是灰暗无光，但在一片灰色中，总有闪光的时刻，瞬间的温暖。如果我能拾起所有这些微妙的细节，我相信走过的路一定满是感动。

03

后来，每当糟糕的情绪占满心房时，我都会告诉自己，要去想事情的另一个方面，去想得到的，去想美好的。

孤独的时候，我们的感觉几乎一致，但不能一直处在情绪的困境里。

一个人的力量有很多种，但最重要的一种力量，是他有能力去拥有自己想要的东西。如果还没有，那就必然要忍受孤独、忍受困难、忍受失落或绝望。

其实更多的时候，人的灰心或失望，是因为能力与欲望不匹配时，人对自己本身的愤怒。

那个可爱的年轻人对我说，江湖自有它的规矩，他能做的就是逃避。从北京逃到老家，从一个繁华的大都市逃到相对安逸的小城市。可谁能真正逃脱命运的考验呢？不管你是谁，身在何方，它都会通过时间来测量你是否值得拥有嘉奖。

如果你也在泥泞中跋涉，不要着急，不必哀怨，往前走，且不必步步回头。把经历当成生命体验，把自己当成过客，放低姿态，多想已得到的事物，快乐就会多一点儿。

片刻的温柔，暖了全世界

1790年，诗人华兹华斯踏上了阿尔卑斯山之旅，他在写给妹妹的一封信中描绘了眼前的景象：“此刻，当眼前的景物浮现在我脑海中时，我带着非常愉快的心境仔细思考着，今后每一天，只要忆及这些印象，我便能从中感受到快乐。”

几十年后，诗人依然清晰地记得阿尔卑斯山的景象。他说，我们所记忆的景象，可能会永远留在我们一生的记忆中。每当它们进入我们的潜意识中，便能与我们眼前的困境形成对比，给予我们慰藉。

诗人将这些体验称为“凝固的时间点”。在我们的生命中，会有若干个“凝固的时间点”，都是最普通的片刻。就是这些无比美好的片刻，让我觉得生命可贵。

01

记得那年从北京来上海工作，内心纠结了很长一段时间。想去上海追寻爱情，又要考虑现实的压力——跨城搬家，还房贷，找工作。没有一件事是轻松的。我把所有的困惑告诉了意林的主编立莉姐。

她说，虽然舍不得你辞职，但咱们意林永远有一张书桌是属于你的。如果你没有成功，记得回来，意林允许你失败。这句话，我一直记得。

02

每次代表意林去讲课，我都会解释自己如何从一名编辑转变为讲师的。我会说，当时老板或主管挑了许久，大家都坚定地认为我可以讲课。我义不容辞地接下了这个任务。我很感谢那个推我一把的人，是他让我站在了讲台上讲课，也是他让我发现了自己的潜能。

多年后再回意林，与大家团聚。主编笑着说，其实当时找了好几个编辑，期待他们去讲，但大家都拒绝了。只有我很热心，迎难而上。啊，我心里想的却是，那我以后再出去讲课，该怎样向听众讲述我转变成讲师的故事呢？

还在意林时，每次到快要交书稿的那个月，我都会格外焦急。于是，我向主管请假，她立刻答应："赶紧去写吧！你写出来，成名了，也是意林的骄傲。我们是你永远的后盾——娘家人。"

03

国庆节带着妈妈和儿子从北京回上海。

来到地铁，发现没戴口罩，打算去买口罩，又发现机器故障。束手无策之时，来了一个漂亮的女孩，递给了我一只口罩："嘿，我这里恰好多了一只。你用吧！"

在高铁上，一位男士得知和我们同一目的地，热心地帮我们提包，特意把我们送到了座位上。然后，他又走了好几节车厢，才到自己的座位处。

陌生人给予的感动，持续时间会特别久。之后，每当在地铁站看到有人需要口罩，只要有多余的，我也会递上去。善意如清流，会以它自己的方式传递。

04

去了新公司，内心有些忐忑不安。外面的天气比我的心情还糟糕，一直在下雨。直到某一天的下午，天空突然放晴，虽然是深秋，但阳光明媚，有阵阵桂花的香气飘来。领导突然说，我们一起去外面看看桂花，闻闻桂花香吧！

于是，我们几个人来到了外面的桂花树下，沐浴阳光，仔细观察桂花的花苞上的雨珠。就那么一刻，大家安安静静地与大自然相拥。他们没有说一句话，我却感受到了大家对我的接纳。

05

入职上海书画出版社，正巧赶上社里搬家。部门同事说，以为我会搬家结束了再入职。我说，我提前入职就是来帮大家搬家呢！大家哄堂大笑。

搬完家那天，领导在电梯里说："你辛苦了！刚来公司就跟着搬家。"

简简单单一句话，我感动良久。

06

来到上海，入职慈怀第一件事，就是被许佳琪、安安、金宇、小强、梦梦邀请去吃火锅，泡温泉。实不相瞒，那是我人生第一次泡温泉，感觉非常快乐。我们拍了一张照片留念。

两年后，他们都辞职了，唯独我还在那里上班。他们从不同的城市跑来看我，我们又拍了一张照片留念。对比两张照片，前面那张好快乐，后面那张大家都明显成熟了许多。但不管怎样，在这个冷漠又客气的城市，每次想到他们，心里都很温暖。

类似这样的瞬间，让我想起张枣的一句诗："只要想起一生中后悔的事，梅花便落满了南山。"而我想说的是，只要想起我们一起看过的深秋桂花，灵魂便觉醒了过来。

人类最高级的行为，在于他们的情感充沛，可以抒发、挥洒、连接，也可以共鸣、感动、留恋。生而为人，我们都要骄傲，但如果感情没有流动，如同死水，那便可悲了。

往后余生，我要积累更多类似的瞬间，只要枕着这些美好且温暖的小事入眠，我就不会孤独到夜色很晚。

中年人，你得罪了谁

01

朋友向我抱怨一个三十多岁的人还在给他们投简历，真是不自量力。他的抱怨顿时像一支箭一般从电脑屏幕上飞来，插到了我的内心深处，让我很伤心。毕竟从年龄上来说，我也是一个不折不扣的中年人了。

后知后觉的我，曾经以为三十岁是距离自己特别遥远的一个年纪，也是特别恐怖的一个年龄。但我真的走到三十岁，发现这片风景比二十岁的时候要好很多。不从一座山翻越到另一座山，你很难想象自己会遇见什么，改变什么。

你若问我，三十岁和二十岁相比，最大的改变是什么？

我想，应该是心态。大学刚毕业时，我超级迷恋面膜，因为广告商都在说，女孩自二十五岁开始，皮肤和状态都会迅速衰老。我抵御这种衰老的方式，就是拼命敷面膜，期待容颜不老。三十五岁的自己，反而内心平静、坦然了许多。豁然明白，肉体的衰老不可避免，还不如静静地享受岁月每一刻的流逝，享受锤炼精神的愉悦之感。

02

之前的一个同事入职了一家新公司，结果，每天都要加班。他说自己记忆最深的是面试的最后一个问题。人事问他：这里的人都没有那么快乐，节奏也很快，你还愿意加入吗？

他点点头，愿意啊！从此，他开始了每天晚上加班到十点的生活。

我问他：你会一直在这里工作下去吗？

他说会啊，熬着升职加薪，何乐而不为？不然到了三十五岁，就会很惨。

好吧，为理想干杯！

可我们的人生是在什么时候改变的呢？记忆中的他，二十几岁的时候，明明是一个很会享受生活、喜欢跳舞的大男孩，怎么突然之间也对快节奏的生活妥协了呢？

就像我，也在三十多岁，换到了一个全新的赛道，开始了拼命加班，毫不爱惜自己的节奏。

三十几岁的年纪，应该是人生的黄金时期，我们比许多年轻人仿佛更有力气。这力气，源自生活的压力，也源于自己对生活的认知。因此，这股力气仿佛特别理直气壮，可以命令我们去做很多事。

我曾以为自己的未来一定会与众不同，却在三十几岁活成了街头最普通的那个人。朋友对我说，你错了，明明你是到了三十几岁才开始接受自己不过是个普通人的事实。

03

直到我读了《基层女性》，去采访作者王慧玲。

王慧玲出生在特别贫困的农村，十九岁时，她拿着二百四十块钱来到上海打拼。第一份工作是卖袜子，卖了三个月的袜子，被人打击，遭遇冷漠。但她感谢这份工作。因为这段经历，让她认识到真实的人生，而她想在这个城市生活下去，就必须努力赚钱。

为了多赚钱，她跑到茶坊工作，用一个星期的时间，记住了所有的茶水单。此后，她又自学了日语。之后，她使用一款交友软件，偶遇了一个外籍男友，两个人特别相爱，最终收获了一段美满的姻缘。

在她尝试的过程中，有人嘲笑过她的不自量力，有人怀疑过她是否能实现自己的目标。而她只是努力去做，不问东西，也不抬头听别人的非议。她说自己看似幸运的背后，每一步都走得异常艰辛、坚定。她坦诚地说自己并没有年龄的焦虑，任何年龄都是美好的，也都有自己该做的事情。

真好！通透的人早已看破所有的人生真相，还能热烈地爱着，勇敢又特别。这个故事鼓励了我，也让我更坦然地接受了此时的年龄和境遇。一切都还来得及，哪怕再增加二十岁，其实也有那个年龄阶段与众不同的美。

04

古人说，养小孩要“蒙养”。意思是，不要早早求得结果的呈现。越晚开蒙，根系长得越好。他们要背诵很多古诗、古文，让这些经典的东西长到心里面，随着时间酝酿、生长。最开始不理解也没关系，到了某一个年龄阶段，他自然会理解。

写作、绘画、钢琴、文学，这些学科，都需要下深功夫，它们都有一个共同点，就是非经历过岁月的沉淀不可。技术层面的东西，只要经过严格的训练，其实都可以入门。但真正的厚积薄发、真正的功夫，都需要时间的积累，需要体会内心与世界的关系，需要审视自我。

我曾经采访过杭州一亩童书馆的创始人，她表述过这样一个观点：人在三十五岁以后，身上的成长性，决定了他会过什么样的生活。一个人内心世界的丰富性，决定了他能走多远，也决定了他会成为一个什么样的人。

我亦相信，有些工作也是非经历过岁月的沉淀不可的。一个公司，年龄阶段的分布越均衡，越成熟。有年长经验丰富的，也有年轻充满活力的，才完整。

所以，年轻人，不要着急。万物并作，把一切交给时间，自有你的来去与得到。时间的沉淀和爆发，一定不是在三十五岁这一年才会结果。但我们要有足够的耐心和力量，去抵达远方，不问岁月几何。

生活的功课，是接纳真实的自己

01

我应该是在三十几岁这一年成熟的。那究竟是三十几岁呢？应该是2021年，我三十五岁这一年。随着年岁的增长，我已经不愿记得自己究竟几岁了。仿佛时间模糊一点儿，再模糊一点儿，它对自己的威胁就少了许多。我也可以假装不在意自己几岁。

三十五岁，这是一个还没有老，但也不再青涩的年纪。心变得非常安静，能够沉静下来做很久的事情，不会觉得疲惫。四目望去，都是喜欢的人或事物，但还是觉得孤独。没有时间、心力，可以将喜欢的东西做到更好。

一个周日的下午，我在琴房弹钢琴。老师说："你弹三个小时了，虽然弹得并不好，但我能听到你的进步。"

"进步可以听出来吗，老师？"

那个比我还要小六岁的老师，仰着她的娃娃脸认真地对我说："当然可以。其实我听你说话的声音，也能听出来你有没有进步，有没有在认真练琴。认真的时候，整个人会不一样。"

这一年，我学钢琴、练书法，开始认识到自己不能做好所有的事。每当自己因为拙笨而无法弹奏一首完整的乐曲时，我都会失去所有的耐心，暴跳如雷，但我并不觉得沮丧，也不觉得一切理所当然。我所得到的一切，不是理所当然；对于失去的事物，我也不会懊悔到不能入眠。

02

从二十几岁到三十几岁，我变了，变了很多。我亦相信每个人在这十年的时间都会改变，甚至是剧烈的改变。变成一个你不认识的人，一个面目模糊的人。

二十几岁时，我想象过自己三十多岁的生活。一个人，怀抱着写作的热情，不算富有，但也不至于流落街头，每天抱着电脑在屋中写作，看很多书，四处讲课，出差去很多城市。想象着自己应该是那种时常觉得很孤独，但又找不到可以共同生活很久的人。

而走到三十五岁这一年，一切都与想象中不同，我成为别人的妻子、妈妈，生活日趋稳定。三十岁时，我还有勇气为爱情奔走、蜕变。三十五岁时，我还是愿意为了梦想换一种生活方式。

唯一相同的是，现在的我，依然珍惜写作的热情，珍惜写作的能力。很担心日常的生活会碾碎我所有的时间，拼不出一个完整的自己。孩子、工作、生活、梦想，想要完成的项目，未做完的事情，层层叠叠，就在我的面前展开。

有时，我会很沮丧。想见的朋友，怎样也约不到合适的时间；想去看的画展，一次次搁浅、错过、拖延；想去采访的人，日期被一次次更改。我要计算公司的报价，反复衡量价值。但沮丧之后，还是要抬起头来，继续前进，并告诉自己，学会慢慢熬，懂得熬的意义和价值。

三十五岁这一年，我失眠比从前更严重了。失眠的夜晚，窗外灯光闪烁，上海这个不夜城美丽又神秘，仿佛从不肯属于任何人。我时常在想，那些睡不着的人在想什么？他们喜欢看天空中的星星还是月亮？或者什么都不喜欢看，只喜欢对着电脑工作？

有的时候，我会很怀念从前的生活，想念意林，以及之前讲课的每个城市、每所学校、每个学生，想念那时的自由。一个月连轴转，并不觉得累。每晚看书写作，心思纯粹。仿佛从未为钱发愁、为现实不安，即使一个人，也满身力量。

03

三十五岁这一年，我总听到耳边一直萦绕着音乐，很轻很轻的音乐，没有歌词，无人唱歌；开始有许多书友听我的课程；看我直播的朋友们给我留言，说好奇我的生活，以及生活中的我。

我只是一个普通的女孩，出生在甘肃张掖，在山东菏泽长大，大学读书去了成都，毕业后又跑去北京，在北京工作了十年，现在定居上海。是的，我简单的生活就藏在这几座城市中。

但不管哪一座城市，对我来说都是陌生的。

我理解的上海，是一座喜欢年轻人的城市，它热情地张开双臂，欢迎人们的到来，也会冷漠地看着每一个离开的人，并无任何眷恋。但它依然美好，令人充满幻想、冲动。每次下班，路过虹桥，我都会认真看外面的灯火，并感叹一句："真美！"有多美？美到你不想占有它，只是陪着它看黑夜，也会很舒服。这种恰到好处的距离感，接纳了每一个内心有疏离感的漂泊的人。

生活中的我，大大咧咧，只是随着成长，内心越来越伤感，表面却越来越乐观。似乎总能瞬间看破他人的隐藏，也能原谅所有人的撒谎与伤害。仿佛自己变得越来越坚强，越来越平静，哪怕有几分是假装，也显得如此淡然。

我在时间和现实的锤打中，一秒秒老去，但我也在一寸寸生长。从我拥有宝宝开始，我的身体开始发生明显变化，但我慢慢在用自己的方式与衰老和解。阴雨天时，我摸着肚子上的疤痕，再看看身边可爱的孩子，发觉生命的不可思议，读懂拥有与付出，永远都遵循能量守恒定律。

三十五岁这一年，周遭的一切开始缓慢起来。我感受到了，看到了，我不再喜欢那种把欲望写在脸上的女孩，也不再喜欢慌张赶路的人。

我告诫自己，不要贪心，不要有太多欲望。纵使外面烟火璀璨、喧闹，我依然独爱与文字交流，与自己安静相处的感觉。我想，这就是漫长的时间带给我的成长以及成熟。

第三章

走向另一种理想的生活

陶渊明在东晋时的理想生活，传颂到此时。

依然有人在寻觅桃花源，以及它所代表的生活美学。

仿佛某些人天生就有灵性，总有独特的视角、方法、感受。

果实不会凭空而结，他们摸索过，做过功课。

将喜好磨成了天赋，无形之间令人羡慕。

不用过于羡慕，想象他们代替了我们，过上了想要的理想生活。

也是一件值得祝贺的事情。

写作，
勇敢者的游戏

01

有一个作者朋友问我：写作最难的是什么？

我有点儿惊讶。作为新媒体写作者，她比我经验丰富，也比我上稿过更多的大平台。但她的困惑，我觉得是一种必然，也与行业有关。新媒体发展如火如荼，转眼之间，好像大家都把自己的头衔改成了作者或作家。

只是，写作不是一件容易的事情。随着新媒体的发展，会发现很多人的文字和主题，越来越像，趋于一致。再看几个大平台的栏目设置，也会发现很多编辑的思维如出一辙。文学贵在它的丰富性、独特性，当许多文字趋于一致的时候，代表了一种重复、敷衍，也就意味着这种文字不再那么珍贵。

之前，我和几个公众号的老师们探讨过这个问题。他们也有过同样的困惑、迷茫，自2019年开始，公众号的阅读量严重下滑。屋漏偏逢连夜雨，市场没有给大家走出迷茫的时间，短视频传播形式，又重重地让公众号跌了一把。

这让我想起了采访过的作家张悦然老师。

我问她，别人都在各个平台表达自己的写作观点、写作状态，展示生活，你怎么不赶紧加入？

她回答说，我更愿意把时间投入文字写作中，我的任务就是写小说，深刻地触摸文字。不可否认，视频或短文的传达，也是文学创作很好的方式，但是我擅长的是写小说，讲一个好的故事。这需要时间的沉淀，需要我全身心投入。虽然这个时代坚持写小说，可能永无出头之日，但我还是要去写。写作，是我的出口。

好的内容是立身之本，是我们与其他写作者最根本的区别。因此，我们每一个写作者都要把更多的精力用来打磨内容。

02

怎样打磨内容？这又是一个深奥的话题。写作者最难的，不是写别人，其实是真诚地面对自己，写自己。写自己，意味着你要观察自己。把自己拿在手里仔细地打磨、端详，意外地发现自己的陌生、新奇。在这个过程中，你仿佛脱离原来的身体，成为两个人。一个是在现实生活中的自己，一个是活跃在理想生活中的自己。两个人要“打架”许久，才能认清彼此的可贵，认识到该落笔写谁。

写作者最可贵的是去记录日常。让世界成为你的一部分，而不是你成为世界的一部分。把每天的生活中最触动你的那部分、那个瞬间、那个细节，写下来。坚持一段时间，你就会看到自己与众不同的表达方式。

除此之外，还要大量阅读，培养属于你的阅读节奏和语感，好的作品、坏的作品，都很重要，都值得一读。好的作品，让你有所期待，心有所向，值得反复阅读；不好的作品，让你明白哪些弯路可以绕开。当然，我认为，好作品和坏作品是没有绝对定义的，用个人的体验定义一本书，这样对写作者是不公平的。

毕竟，写作真的是一件很难的事情。为写作而困扰，是写作者最值得自豪的。反而那些对写作特别有信心，每天能写一万多字，但写得稀里糊涂的人，我认为才是最应该反思的。写作，不是堆砌，而是我们逐渐看向内心的过程。

读老舍的作品，对其中的一个故事记忆深刻。梅兰芳大师介绍盖叫天的作品时说，一个演员的表演技术是由少到多，又由多到少的过程。三十多年前，他看盖老的戏，恰好是最多的时刻，现在再看，已达到了炉火纯青。

这就是艺术修养的一个规律。作为一个文艺工作者，都要经历这样一个阶段——初学时，本领少，经验欠缺，因此要求自己要多去学习，多去见识；到了中年，本事逐渐增多，反而要收敛、控制自己，由此从多到少。

03

有人也许会好奇，写作者的天赋重要吗？

我也问过复旦大学比较文学专业的梁永安教授：写作有天赋可言吗？若有，天赋占了几分？

他坦言，自己教书三十年，认为写作者是真正的艺术家。需要时间的积累，全身心地投入，他们的眼睛就像电影放映机，看向四周，到处都是可以用文字来记录的对象。写作中，“天赋”这两个字，几乎决定了一切。勤奋的写作者，“勤奋”这两个字，也是天赋所赐。不热爱，很难投入，很难坐在书桌前，也很难开始。

写作没有那么简单，写作向来困境重重。外在的浮华，内在的慵懒，都会影响写作者的状态。我们不可避免地会走向偏路，偶尔会丢掉初心，或自暴自弃，或全然放弃。但我还是期待每一个写作者都能正视自我的需求，实现心中所愿。写作，也是勇敢者的游戏。

一颗治疗
夜晚睡不着的药

01

每一个失眠的人，都有一个故事。故事放不下，人生过不好。

我也是一个严重的失眠症患者。当然，这没有什么可骄傲的。我的失眠应该是多思造成的。凡事都有好的一面，也有不好的一面。多思的缺点是让我敏感、脆弱、失眠，优点是让我细腻、善良、丰富。

最初失眠的时候，我应该还在读大学，但当时并没有意识到自己是失眠，还曾洋洋得意，自己可以比别人清醒的时间久，可以多看书、写作，仿佛每天多活了几个小时那么开心。时间久了，我也就习惯了失眠，习惯了在夜晚遇见另一个深邃的自己。睡眠，真的是我的奢侈品。后来我发现，自己可以在车上睡着，于是几乎每天上下班都打车回家。一个司机还曾好心地提醒我：小姑娘，加班到这么晚，还要在车上睡觉，可要小心。

一天晚上，失眠的我发了一个朋友圈，建了一个群，叫“失眠的人都是星星”。没想到，不一会儿，加入了很多朋友。原来失眠的人这么多。突然间释然，那么多人失眠，或许没有故事，但一定有心事。可能只是因为压力大，也可能只是自己想和自己待一会儿。

我在群里问：凌晨三点了，大家为什么不睡觉？

每个人的回答都很有意思。

有人说，我是被你写的这个群的名字吸引来的，想来这里看看星星；有人说，失业了，怕找不到好的工作，担忧到无法入眠；有人说，明天要结婚了，激动得睡不着觉；也有人说，现在在英国读书，不是失眠，但自己的生物钟还是北京时间。

就这样晃晃悠悠，天亮了，我也睡着了。一觉醒来，已是上午十点。

02

经常夜晚睡不着的经历，让我重新认识了自己，认识了身边的人，认识了生活的真相。白天，在阳光下，看不出人内心的缝隙里究竟闪耀着怎样的光芒，到了夜晚，那缝隙似乎越来越大。想倾诉的欲望，想展示的情感，都在夜晚倾泻而出。

我喜欢黑夜，它给了我无限的灵感，丰富的东西都藏在夜里，我的故事、我的文字都是在夜晚写出来的。白天，钝感让我显得有些冷漠、无力。夜晚，真正的我才会苏醒。醒来记录、书写。

有时，失眠的我会给朋友雪野老师发信息，会意外地发现他也在失眠。就因为经常失眠，晚上可以聊聊天，我几乎把他当成了自己最好的朋友。

后来发现，雪野老师只能是我的最佳损友，我无数次想放弃又不得不捡起来的朋友，无数次出现在我的文字里，却组不成一个完整的故事。雪野老师几乎要到不惑之年，但依然单身，且十分挑剔。可能大家会以为他失眠是因为某个女孩，大错特错，他是为工作而常常失眠。其实，成年以后，大多数人疲于生计，很少有人因感情问题而失眠。只是忙碌工作，活下去，就已让人疲于应对。

有段时间，我和他经常去咖啡店见梁永安老师。他问梁老师，自己单身很多年，很难爱上一个人，常常怀念从前的女朋友，是什么原因？

梁老师避开了重点，没有给出他怀念前女友的原因，反而说，未来会有许多人都单身，我们这个社会需要许多“老光棍”，一些敢于一辈子单身的人来见证历史。历史需要这一批人，来活出单身的多样性、丰富性、独特性。你要勇敢地去见证历史，活得更好，让那些结婚的人羡慕你的状态。单身没有不好，不安于单身会很糟糕。梁老师的这些话，安慰了雪野，给了他许多力量，也成了他一直单身的信念与支撑。

03

在我的朋友圈里，还有一个基本不睡觉的“失忆张”。他更是夸张，几乎每晚都失眠。白天忙工作，晚上忙失眠，我真的要给他的精力“跪下”了。“失忆张”特别帅，有多重身份，是电视台的主播，也是自媒体创业者，还开了烧烤店，每天忙着赚钱，忙着健身，基本没时间恋爱。每当我对生活有一些困惑时，都会翻看他的朋友圈。他活得很阳光，很干净，纯情又天真。

我问他，你失眠的原因是什么？是因为之前的主播工作是夜间电台吗？

他说：“啊，我这是正常作息啊，朋友！我不分白天与黑夜，困了赶紧倒下就睡，睡到一半，突然想到自己还有一些事情要做，赶紧起来就做。一看时间，前后睡眠不足两个小时。我这叫睡眠时间不足，不叫失眠。”

我经常失眠的朋友真的很多，每个失眠的人都有一个故事，一种心情。而作为那个常在夜晚醒来的人，我已经把深夜当成了朋友。只有在世界特别安静时，我的灵感才会涌动出来，流到我的身边。我跳入那溪流之中，把溪流引入我的文字里。

我感谢深夜，也不排斥失眠，我甚至没有想过去看医生。“失忆张”说，我们真的挺好的，该睡的时候倒下就睡了，醒来后就赶紧工作。

愿每一个失眠的朋友，睡得尽兴、愉快。

愿每一个人都能睡好，因为睡好的人才会有更好的生命体验。

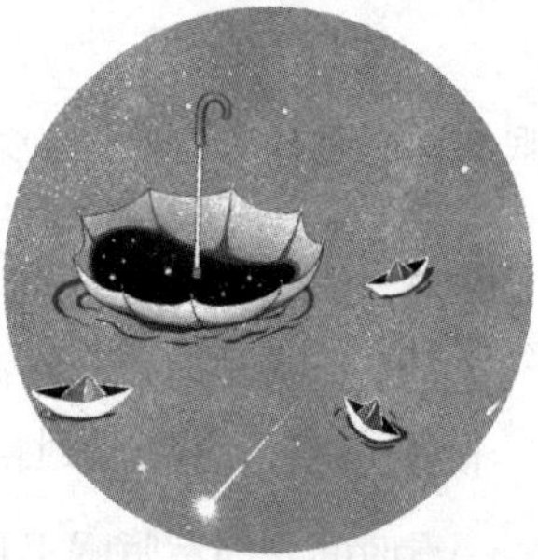

每个有梦想的人都需要一张书桌

01

伍尔夫在19世纪就写下这样的句子："一个女人要想写作，她必须有钱，还要有一个属于自己的房间。"由此看来，你想要写作，就要为自己准备一个心灵的空间，一个外部的基础。

一句简简单单的话，不仅风靡到此刻，更是影响了现代女性的生活观念。除了爱情，我们女人还可以干点儿其他的事情。比如去赚钱，去买一所属于自己的房子，让自己拥有自由；再比如去拼了命地搞事业，让自己强大，这样就不怕丢了爱情或其他。

我深受这句话的影响，二十几岁时拼命赚钱，唯一的目的是买房。直到靠前几本书的稿费买了房子后，内心才算稍微安定一点儿，写作也仿佛多了一些底气。

02

后来读到钱佳楠的故事，也是唏嘘，不禁泪目。写作者不易，尤其是当一个女人决定以写作改变命运的时候，她就是一束光，充满着神秘的力量。十八岁时，钱佳楠被复旦大学提前录取，十九岁时，短篇小说《西村外》荣获复旦大学“望道传媒奖”。毕业后的六年里，白天，她是上海市世界外国语中学的教师，晚上，她回到只有十平方米的住处开始阅读、写作，一直写到凌晨。睡眠不足三个小时，又要去赶早班地铁。

她深知，写纯文学的人，靠稿费根本不能养活自己。大部分人需要一个正职，从而在业余时间写作。因此，她在个性签名处写道：在白天，我什么都不是，到了夜晚，我才成为我自己。六年后，她让父母搬进了宝山的公寓楼，而她，放弃了稳定的工作，决定去艾奥瓦大学攻读创意写作专业硕士。

有人劝她，你只需要写好上海的人物、故事，不必那么辛苦，跑那么远。

她却认为，自己还是要去闯一闯。

钱佳楠回忆自己在大学读书的经历，说：“那时我一个小时的英文阅读极限是七页，而我的同学是三十到五十页。我有减免睡眠的自由，有强记硬记的自由，也有暂时戒掉娱乐、聚会、野餐的自由，我更有呕心沥血、绞尽脑汁，拿出稍微新一些的书进行阐述和写完作业的自由。当然，我也有完全的自由，去做一个亭子间里的小作家，在做功课和打工的缝隙里写写小块文章，拼凑报纸版面，去挣房钱、粮钱。最有价值的自由，应该是小说选材的自由。”

在这些可敬的女作家为写作寻找缝隙时，我再审视自己的生活，如出一辙。

白天上班，晚上洗澡后，一个人坐在书桌前，灵感就会迅速地来到我身边，它们是那么灼热，那么急切，你必须拿着笔记录下来，不然它们就会消失不见。可白天的工作已经耗费了我大部分精力，于是，晚上写作时，经常写着写着就睡着了。不要以为我辛苦，我倒是蛮享受这个过程。写小说、写书，包括我一期一期去讲文学的课程，并没有为我带来特别大的经济改善，但我依然坚持去做，因为我享受这个过程。

如果只用一个词，诸如成长、励志等类似的词汇来概括我对文学的热爱，未免肤浅。就是这些文学小说，以及写文学小说、散文的过程，滋养了我，熏陶了我，感动了我。它们免去了我的舟车劳顿，拿掉了人间凶险，让我看到了生命美好且清扬的一面。

03

陶立夏在《又是愉快的一天》里写道：事情总会有转机。比如翻译一本书，无论开头如何艰难，只要坚持到一万字，后面就会变得顺利起来。当然，所有的阻碍依然存在，因为作者的风格将贯穿始终，只是你已经习惯了它们的形状与气息，开始觉得艰难也是动人景色的组成部分。

写作也是如此。开始去写，尤其是前面几万字，是最为艰难的。一旦写到三万字，仿若新生，灵感四溢，故事纷至沓来。一直到结束的时候，又会停顿下来，觉得之前的文字有些生涩，需要一遍遍修改。每当有类似的感受时，说明自己进步了。

你若问我，在这些女作者写作的过程中，那个只属于自己的房间存在吗?

从表面上来看，我认为很难存在。生活太琐碎了，生存满目困境，有一个专门用来写作的房间或桌子，未免奢侈。张爱玲的晚年，所有的行李不过一个皮箱就能拉走。有记者打来电话采访，中间说到上海这两个字，她停顿了半天，似乎陷入了沉思，最后说了四个字：恍若隔年。

一个见识过繁华落尽的女人，终究明白，自己内心的智慧才是最好的行李。

万物皆可抛，唯有慧力忠诚于自己。它让你有好的抵抗能力，抗压能力。它让你从容不迫地去应对，去攀爬。与其说每个想要写作的女人都需要一个自己的房间，不如说她们都会有一间自己的“暗房”。里面装满了期待、尝试、汗水、付出，有翘首以待的成功，也有被拒稿后的失望与无奈。房间内情绪丰富且缠绵，只能你一个人去走，无人可替，无人指路。

你正忍受的孤独，也是另一个人正在经历的黑暗与光明。

把梦装进了生活的“暗房”

01

金山住着一个艺术家，是一个萨克斯乐手，妻子是建筑师。朋友介绍的时候，说他德高望重，天赋极高。因不想忍受上海市区的喧嚣，特意搬家到了郊区——金山，以两个地方为家，一个地方靠近河流，可以用来画画、练歌；另一个地方就在村落的中心，设计成了住的地方，可以收藏他的音乐器材。

我听了他的故事，无限向往，不停地催促雪野老师，带着我去采访这位萨克斯乐手。

于是，在夏天的一个周末，我们到了金山，等到老师的家，却发现他穿着服务员的衣服，正在忙碌着端菜、倒水。这画面和风格，与我想象的完全不同。

通过与他的妻子攀谈，才得知本以为搬家到了金山，会生活在想象的诗意里，结果却大相径庭。

原来，在过了一段冷清的日子后，丈夫一时兴起，把两处房子改造了一番。其中靠近河流的这处，改造成了餐馆，找到了他两个大厨朋友，做了几道名菜，一不小心远近闻名，许多人慕名而来；村落中心的那一处房屋，从艺术家工作室改造成了民宿。因为那座村庄，是上海市区的人周末爱“晃荡”的好地方。这位艺术家发现大家根本不关心自己的工作室和萨克斯表演，好像更关心住宿。爱热闹的他，立刻改造了房屋。由于选址特别，菜做得好吃，服务周到热情，他们的店迅速火爆了起来。

郊区不好招服务员，于是，他和妻子充当了几天服务员后，发现作为完美主义者的自己，比其他服务员做得还好。从此，他们就被这两个房子牵制住了，没时间旅行，也没时间做自己。如果不继续做，有些可惜，继续做，需要投入更多精力。

两个人亲力亲为，每天都会累到抱怨。本想逃离市区的繁华，却一不小心又把郊区生活打造成了和市区一样的模式，每日忙碌、操劳。趁着休息的片刻，他会来到一个走廊的角落，那里放着他的“武器”——昂贵的萨克斯与乐谱。他站在乐谱前，一边哼唱一边休息。哼唱到一半，又听到有人说：“这边要加菜，服务员！”

“来啦，来啦！”他热情地回应道，慌忙从走廊往客房走去。

他说，自己经常会去电视节目做嘉宾、做评委。前段时间，他被某电视节目邀请去做评委，妻子不同意，说自己无法一个人支撑生意。他只好作罢。他说这句话时，有些痛心、遗憾，取舍并不容易，结果要自己默默承受。

02

他有两个女儿，都是学音乐的。一个在国外读研究生，一个在国内读上海音乐学院的声乐系。生活自然是美满且幸福的。他对我说，自己辛苦一些，多赚一些钱，女儿就可以少辛苦一些，这是他心甘情愿辛苦付出的前提。活到五十多岁，属于他自己的所谓的天赋不重要了，演出不重要了，重要的是，女儿能活在梦想的生活中，发挥好她们的天赋。

我问他，那你的梦想怎么安置？

他说，我把梦想放进了一个“暗房”里。有时也会偷偷去看它。比如晚上失眠的时候，比如没有顾客的时候，我就会来到那个走廊里，背那些乐谱，偶尔给“识货”的客人吹一首曲子。他很享受这个过程，但这样的机会少之又少。他可以施展自我才艺的空间有限。萨克斯毕竟属于小众音乐，他无法强迫所有人都来听，且听懂。

“但没关系。”他说，“女儿正在国外演出，正在延续我的梦想。而且，她的音乐水平越来越高，现在，我几乎挑不出毛病。”说这话时，他的脸上浮现出自豪的神情，但很快，他又低沉地叹息道：“也有一种可能是，我的技艺水准正在下滑。”

毕竟，烦琐的生活碎片透支了他的才华，人来人往的餐厅民宿无孔不入地潜进了他的生活。他并没有麻木，心里还热爱艺术，却无力全身心去做这件事。

“梦想和生活都很重要。同等重要。”他说，“无法舍弃。”

我问：“想过关掉餐厅或民宿，专心致志地吹萨克斯吗？”

“不能。”他说道，“但我相信女儿会有这个可能。我正在牺牲自己的梦想，为女儿创造可能性。”这个餐厅有几道菜特别美味，他的音乐家朋友们也会慕名而来，围坐在一起。他喜欢这种热闹。如果没有这个餐厅，他似乎少了许多与朋友们相聚的理由。这些比他演奏萨克斯音乐，好像还要重要一些。如果没有民宿，他根本赚不到钱，就无法支撑两个女儿高昂的学费。

慢慢地，他突然想明白了，自己来金山并非逃避一种生活。他来到这里，是来经历另一种生活的。把一个人放在任何地方，他都会按照自己的生活方式去摸索，然后画出他的生活版图。他会按照内心的想法，重新复制一个全新的自己，继续去经历从前的生活。

虽然已五十多岁，依然可以感觉到他眼中的光。采访结束时，他用萨克斯为我们吹了一曲《高山流水》。知音难觅，但更难遇见的，其实是自己。

03

中年以后，人仿佛都会有一个“暗房”，用来储藏秘密、梦想、过往等一系列无法实现的事情。随着年岁的增长，梦想纷纷散落，但千万不要忘记，正是它们催生了与众不同的你。它和生活同样重要，也和你一样，曾闪闪发光。

昨天，我们还在探讨，为何到了三十岁后，会发现时间特别快。二十岁时，人生长路晃晃悠悠，时间是按照天来计算的。三十岁时再看人生，已燃了近一半，梦想很远，做事力不从心，难免焦虑。只好把时间掰开来数，来计算，每一分钟都被要做的事情塞得满满当当。

认真做事的时候，时间飞逝。

啊！为了这飞驰的感觉，为了这不易的中年，这杯酒，我先干为敬。

生活，就是从一座山
走向另一座山

01

经常有人问我，工作那么忙，白天上班，周末出差，你怎么写作？

答案是：满怀辛苦路，挤出时间来写。更重要的是，做的过程中，无问西东，不疾不徐，按部就班地去完成。

记得上一份工作心很累，工作内容杂乱，同事们每个人都手忙脚乱地做着自己不擅长的事情，导致公司许多业务一直停滞不前，同事们的士气也一蹶不振。

直到一天晚上，我刚出差回来，加班到很晚，老板找我谈话三个小时。出门一看表，十点，又看到天空很多星星，那么自由、闪烁，各自有独特的星轨，各自自由梦幻。

而我这颗星星仿佛生了锈，被锈在了一个本该离开的空间里，无法突破自我，或已忘记自己究竟是谁。这种感觉折磨了我许久，我始终没有绝对的勇气来改变自己。成年后，会发现对与错、是与非的界限很模糊。在任何一个灰度空间里，都有被接受的正确性。就在那个夜晚，我决定离职，打破自己混沌的状态。

我决定放下这一切，辞职，归零，重新开始。人在辞职时会发现，任何人都有可替代性，没有谁是不可以离开的。

我收拾这几年自己买的书，为出版社直播、宣传的书，至少几百本。一本本搬离时，内心很伤感，仿佛费心费力地为别人做了几年的嫁衣，却不能在告别的时候带走它。之前公司每次有人辞职，我都会去送他们。但我走的时候，是一个人默默离开的。离职的时候，还是想一个人默默地走完最后一段路。

02

接下来，我休息了很长的一段时间。凭空多出的时间，让生活开始有些空荡荡的。但我很享受那段时间，每天在咖啡馆里看书、写作，在茶馆里准备课件、讲课。我谁也不想见，只想让自己像鱼一样，畅游在书的海洋中。也就是在这段时间里，我做了许多自己之前想做却没有时间去做的事情。

我爬了黄山、九华山、乐山等许多大山，也去了云南、贵州、西藏等一直向往的地方旅行，重新看了敦煌、丹霞。一边走一边写，一边思考一边收获。我发现人在求知的路上，内心非常安宁。

其实，我曾无数次梦到九华山。梦里，我抱着一个小女孩一直奔跑，突然有光闪现，我抬头一看，居然是九华山。但我从未来拜访过。于是，我买了车票，立刻赶去。来到九华山下，我二话不说，先磕了几个头，根本不会顾及他人怎样想我。

看黄山的时候，我认识了几个驴友，有男孩也有女孩，他们骑着自行车，给了自己一个“间隔年”，去做自己想做的事情。他们邀请我加入，我一时兴起，也想加入，但又突然想到自己的书稿以及最想做的事情。于是，我只好挥手与他们告别，继续平静地回到我的小世界，坐在离家最近的咖啡馆里，看书、写作。

中间，我拒绝了许多次聚餐活动，几乎不购物，一切从简，把所有的时间都用在写作上。之前写作，总是会被打扰，而这次写作，思路是完整的。写得投入，速度也很快。

写作时，开始莫名羡慕全职写作者。曾经，我无数次建议写作者，不要做全职作者，不是冒险，而是会凭空少了许多生活素材。我一直认为，写作也是交互运动，我们在工作的过程中，会接触到很多有趣或匪夷所思的人或事，这些对写作者来说，格外重要。

我那段时间写了许多书，后来出版上市，陆续被邀请去讲课或做分享，忙得不亦乐乎。也因为出书和分享，我顺理成章地找到了新工作。我又进入了特别忙碌的状态，空荡荡的内心被填满，我也因此失去了自由。

工作或人生在我看来，真的是从一座山走向另一座山。就这样不断攀爬，不断探索，直到终点。没有什么东西可以永远占有，也没有什么东西会一直失去。在占有和失去之间，我们也成了不一样的自己。

记得刚大学毕业，去一家著名的书坊工作室面试。总编看着我的文字与画，拒绝了我："你的画和文字都有些稚嫩，我们需要更成熟一些的创作者。"当时的自己很沮丧，下定决心，要在书和画的创作上做出成绩。

三年后，书坊的总编来邀请我加入她们，一起做点儿有价值、有意义的事情。她可能已经忘记了我是谁，但我还记得她。我没有说破。我深知，不是时间的推移让她认识了我，而是在时光的洪流中，我一直在默默努力，向着她曾说的那个标准前进，并超越了它。从无到有，从陌生到熟悉，从否定到肯定，其实是一个过程。耐心真的是个好东西。

黑泽明导演在书中写道："如今年轻人刚起步，就在琢磨赶紧到达终点。但如果你去登山，教练会告诉你头一件事就是不要去看峰顶在哪儿，而是要盯着你脚下的路。"

工作十多年了，我的写作、创作、工作、生活，都是这样不停地从一座山走向另一座山。不要觉得当下一无所有，很多东西其实是在你勇敢坚持或义无反顾地放弃以后，才出其不意迎面接收到的礼物。在行路的过程中，首先要学会舍弃，才能更好地珍惜拥有。

如果把人生拉长，你会发现得失无常，一切都是公平的。人生这条路上，未来和过去无不大雾弥漫，唯一能看清的其实是眼前的路。

想翻越眼前的这座山，可眼睛能看到的是有限的。我们只能走好能看清楚的这一小段路。而这一小段路，也许是人生之路最关键的那一段。

长大以后，与欲望做朋友

01

经常看到视频或新闻播报中，一些女人为了美，一些男人为了钱，最后丧失理智，变成了另外一个人，犯了错，无法回头，也要拉着身边的人一起坠入深渊，令人心痛。

看到一则令人心疼的新闻。女人喜欢通过各种电商平台购物，家里堆满了各种物品，仔细看看，也不是什么贵重的东西或奢侈品，就是重复购买一些日常用品。

记者来采访她："你为什么要买那么多肥皂？"

女人回答道："好像只有不停地买，我才感觉到自己的存在。我喜欢快递送上门的感觉，仿佛被重视。"疯狂购买的恶果是，这个家陷入了经济困境。

丈夫一筹莫展，说妻子人挺好的，性格温柔，也很勤劳，除了爱购物，没有其他不良嗜好。丈夫也是个好人，开始自责或怀疑是不是自己能力不够，才让生活陷入了这般困境。

其实，这就是女人缺乏安全感的一种外在表现。因为想被重视，想尊重自己的感受，想获得满足感。可现实就是特别残酷，不允许你过多索求不该属于你的东西。我一直认为，所拥有的东西，吃穿住行，就是自己所拥有的福气。不要挥霍，不要浪费，珍重福气，就是热爱生活。

我发现，身边的朋友，包括我自己在内，都曾经陷落，成为消费主义的牺牲者。平时我是察觉不到的，只有在搬家或辞职时，才恍然大悟，原来我买了这么多的东西。那些东西特别细碎，仿佛想把生活所有的细节都一一照顾到。结果却发现，有一大半的东西安安静静地躺在隐秘的角落里，根本不会被注意到，反而成了生活的负担。

02

费勇老师分享过一个故事：两个邻居放了长假，其中一个人说，我要带孩子去墨西哥旅行，另外一个也跟着说，我也要带孩子出一趟远门。

可事实上，两个家庭都没有行动。假期期间，他们不敢出远门，害怕被人撞到，于是，两个家庭在各自的地下室度过了一个长假。长假结束后，彼此寒暄，分享遇见的风景，路上的种种美好。

之前，他不能理解这两家人的伪装。现在，他越来越能理解了。消费主义对我们生活的影响越来越大，很多人分不清欲望和目标。多半时候，欲望成了目标，目标就是赚很多的钱，过更好的生活。

在我身上，一直有个很奇怪的现象，就是当自己做很辛苦的事情，赚很多的钱的时候，我会花更多的钱，买各种东西，有些东西我其实并不需要。我享受购买和收货时的快乐和自由，以此缓解自己高强度工作时的压力。然后在某一日，我受困于自己的欲望，躺在堆积如山的杂物面前，无所适从。

由此可见，赚很多的钱，拥有很好的工作，其实也不见得快乐。为了弥补身体高度运转时的内耗，一定要消耗更多的精力。精力就是力量。而人的力量是有限的。

03

旅行的时候，我遇见一些人，他们过着旅居的生活，非常自在。我也有朋友在北京、上海生活累了，就跑到三亚、大理生活一段时间。其实，当我们对一种生活感到麻木或厌恶时，是完全有可能、有能力去开始另一种生活方式的。在现在这个社会，人是有着相对的自由的。

所以，这个时候读陶渊明就格外有意义了。但陶渊明所处的时代是不同的。他去做自己，去做自己想做的事情，要付出很多。他经历了南北分裂和战争。这个时代用“黑暗”都不足以形容。

就在这样的情况下，陶渊明偏偏写出了《桃花源记》这样的文章，展示了一种理想的生活，仿佛乌托邦一样，随时消失，也随时存在；随时可以向世界展开，又随时可以关闭。

在那里，人们日出而作，日入而息。桃花源不是神仙的世界，里面生活着的也不是隐士，只是普普通通的人。

我们这个时代的人，要赢得一些自尊、自在要比那个时代的人容易得多。但我们最重要的功课，依然是向陶渊明去学习，如何与欲望做朋友。在特别想要一样东西的时候，不妨退一步，想想自己是不是一定要拥有。在特别想丢弃一样东西的时候，更要退三步，想想当时一定要拥有的理由。

人这一生，要处理的只有两种关系，一种是自己与自己的关系，一种是自己与外界的关系。处理与自己的关系，就是要学会控制欲望，管理内心，让自己越来越平和。

愿我们随着年岁的增长，不仅可以看到更多更好的风景，还能感受到内心慧力的成长与坚定，以此共勉。

从不懂到懂得，重塑自我就是成长

在一次上文学课时，有人问我，很爱纳博科夫的文字，但看不懂，求读懂他文字的钥匙。后来大家纷纷表示，看不懂一些作家的文字。

之前带朋友去莫奈画展，他也会喊“啊，看不太懂这些画”，后来装腔作势地转了一圈，失望地离开了。我非常爱看展览，其实许多时候也看不懂。但我深深明白一个道理——看不懂的文字多看几遍、看不懂的画多想几遍，了解它们背后的故事与意义，也是了解自己、重塑自己的过程。

看书，看画展，包括努力工作，用心生活，都是自己与自己的对话。

01

纳博科夫成年之前，一直生活在俄国富有的家庭里。由于战争，纳博科夫一家人被迫转移到了一条肮脏不堪的希腊轮船上。纳博科夫最后看了一眼俄国，心中默默地与故土告别。此时的纳博科夫，一定想象不到他往后的人生会有多么凄惨。

他和家人先是逃亡到了马赛、伦敦，最后定居在柏林。后来，希特勒上台，纳博科夫的妻子是犹太人，不得已，他们又逃亡到了巴黎。

1922年，纳博科夫父亲的同事在柏林演讲，牵连到了纳博科夫的父亲，他当场被击毙。

后来，纳博科夫和妻子在柏林过着流亡的生活。每天早晨他早早醒来，去做家教，辅导别人英文、法文、网球和拳击。他追赶着公交车，穿梭于几个家庭，忙得不可开交。

夜晚，星星升起来，孩子睡着了，他会把自己的行李箱横放在浴盆上，专心致志地写作。有时候一写就是一个晚上。比利时的一家读书会，欣赏他的才华，邀请他去演讲。他拒绝道："我没有像样的裤子穿出来见人。"

潦倒的生活，沉重的压力，都没有压垮这样一个热爱文学的人。多年后，他成名了。人们看他的文集《说吧，记忆》，反馈说不好读，他却说，宇宙中隐含的美并不是唾手可得的。

有编辑想帮他出书，但要修改书中的文字，纳博科夫拒绝道："它们只是初看笨拙或晦涩，让读者多读几遍不行吗？不要宠坏那些不懂生活的人。"

纳博科夫会成为20世纪文学的标杆，与他丰富的生活阅历是分不开的。那些读不懂他文字的人，生活的深度不够，对生活的理解也不够。

02

最近迷上了虹影老师的文字，尤其是那本《女性的河流》，读了一遍又一遍。每个女人身上都有一条属于自己的河流，不管是缓缓而流，还是汹涌澎湃，我们都要与它终身相处。

虹影写自己出身贫寒，每天面对的生活就是绝望，再加上自己私生女的身份，不被母亲所爱。她在书中写自己六岁时，黄皮蜡瘦，头发稀得打不起一个辫子，头脑迟钝得连过路收破烂的老头都惊奇。最后，她的母亲也失望了，“左看右看都嫌我多余”。

最可怕的是，身边的人都不会相信她能摆脱出身。他们说，出生在这里，一辈子都要忍受贫穷。但虹影不这么想，她要走自己的路。

高考落榜后，她被一所中专学校录取，毕业后，找了一份会计的工作。她申请出差，后来休了病假，一个人四处游走。她去北方的沈阳、丹东，去南方的广西、海南岛，没有目的地行走，大部分时间埋头读书，写诗歌、写小说，靠稿费维持生活。即使是在生活最艰难的时候，她也没有忘记寻找自己、做自己。

后来，文字写得多了，名气越来越大，她又跑去北京师范大学鲁迅文学院读书，去复旦大学进修，又跑到英国生活。她走了那么远的路，有了自己的女儿，她说自己想做女儿的船，带她去想去的地方，不要像自己小时候那样，困在原地。

她有时在法国，有时在西班牙，有时在上海，永远都是一个流浪的人，为的就是追寻写作的灵感。

她说，写作根本没有男女之分。写小说是一件很苦的事情，尤其是写有真实背景的故事，很多人都难以忍受枯燥冗长的资料搜集过程，因此不少女作家便把大场面、大视野、大气魄都让给了男人，选择了一条容易走的路，并且为了安慰自己，把女性写作当作了一颗定心丸。

而她要做的就是挑战极限，努力尝试不同的写作方法，因此，她要付出更多的努力。有时候，她会连续写作十二个小时，写一本小说需要三四年的时间。

你问，她为何能走出那条贫穷的河流？我想答案一定是，去做困难的事情，求上得中，求中得下。虽不能事事圆满，但也不至于跌落谷底。目标设置得稍微高一些，对自己的要求也会高，做事也会更认真，结果也会更如意。

03

采访冯唐老师时，我问过他一个问题："人要怎么提升自己？"他回答："做点儿难的事情。"

当时没有太在意。后来经历了工作的失落，生活的一系列打击后，突然明白，安逸的人生都是假象、短暂的存在。即使光鲜亮丽的生活，现实中也有着重重困境。

我们唯有做点儿难的事情，才能蹚出那条属于自己的河流。

或者是，即使不选择，我们的潜意识也会逼自己走向那一条更难的路，生活没有捷径可言。

如果走捷径，之后的付出会让自己更痛。唯有时间不说谎。活着，就是要不断地打破自己的铠甲。

突然想起一首诗歌《灵魂归家》，出自日本知名生态摄影师、旅行作家星野道夫《森林、冰河与鲸》，献给每个人——

每一个温暖的夜晚，
在月光下入眠，
用一辈子的时间，
让那光亮进到你体内。
然后你就会发光，
终有一天，
月亮会觉得，
你才是月亮。

优雅的好朋友，是自洽

01

曾经，为一个特别有气质也特别优雅的女作家、学者主持了一场新书发布会。她新书的名字和“优雅”有关，她的声音细软，身姿婀娜，知识丰富，她身上优雅的力量莫名吸引着我们，牵动着在场的所有人。我不禁感慨，岁月真的从不败美人。

有人问她：什么是真正的优雅？她回答，真正的优雅是放下，而不是端着，是平静地看这个世界，观望街头，与他人和平相处。

听到这里，大家都为她鼓掌。

优雅是什么？我问自己。优雅，在我心中，就是一种爱的能力，是你对生活的热爱，是你对自己的无限接纳。当一个人特别从容、善良时，就会展现优雅的一面。

说到优雅，我的脑海中浮现了一位电影明星——奥黛丽·赫本。赫本的自传中有这样一个细节，她看到一只小鹿受伤了，立刻跑上前去，紧紧地抱着它，流下了眼泪。赫本身上那种特别珍贵的善良，也是一种优雅，是发自内心的高洁。

后来，她收留了它，与它形影不离，建立了深厚的情感。小鹿总喜欢窝在赫本温暖的怀里睡觉。后来，拍戏结束了，小鹿被带走了，赫本因此生病住院，心情低落，丈夫又把小鹿接回来，让它继续陪着她，从此形影不离。

赫本在少女时经历了一段特别穷困潦倒的岁月，她经常饿着肚子跳舞，长得特别瘦，每天晚上，她都会安慰自己，虽然吃不饱，但身材会保持得很好。这种乐观，在我看来，也是一种优雅。

02

我去学钢琴的时候，是跟一个白发苍苍的老奶奶一起报名的。之后，我经常以工作忙为借口，很少去上课。她却每天都坚持去学钢琴，从不迟到。

半年过去了，她的进步明显要比我快，令我有些惭愧。毕竟刚开始弹钢琴时，我曾狂妄地想，自己的乐感要好过她，肯定要比她弹得好。最令我敬佩的是，每次坐在钢琴前，她都衣着精致，腰板挺直，很陶醉，也很努力。落日的余晖洒落在她的脸颊上，我觉得她真的很美，很优雅。可见，认真也是一种优雅。

熟悉之后，老奶奶给我分享了她的故事。她刚刚经历了白发人送黑发人的悲剧，是钢琴救赎了她，让她有了归属感。她每次来弹钢琴，都要梳妆打扮，衣着精致。双手摸到钢琴，似乎是在和女儿对话，因为女儿钢琴弹得很好。

说到这里，她有些骄傲的样子。但下一秒，她的眼泪便夺眶而出。

我递给她纸巾的那一刻，抱了她一下，觉得她很温暖，很有力量。我想，优雅，也可能是特别坚强的女性所拥有的特质。

03

老师讲课结束后，我们的书友群里一直有人在讨论优雅这个话题。大家在群里都说出了自己觉得优雅的女人。

一个书友分享的外婆的故事，也让人记忆深刻。她说外婆爱美，也爱干净，白天干活，收拾家务，从不懈怠。晚上睡觉前，夏天会采摘一朵花，放在枕边，没有花的季节，会点薰香，外婆说，白天干活可以辛苦一点儿，但到了夜里一定要枕着香气入眠，这样生活才会有甜的味道。这样的外婆，可敬可爱。不仅爱生活，也懂得如何让自己更安心地生活。

这种对琐碎生活细节的装扮，对美的追求，我想应该也是女性的优雅。又或者，可以让我们感受到美，感受到力量的事物，都蕴含着一种莫名的优雅。

04

九月的一个下午，我去采访黄晓丹老师，她是叶嘉莹先生的学生，也是她的崇拜者。在温哥华留学时，黄晓丹住在叶先生家里。先生家有一个房间，藏的全是书画。后来，家里失窃，书画全被偷走。那些书画大多非常珍贵，带着时代的烙印。

叶嘉莹先生并不在意经济损失，可这些书画里藏着她往日的记忆，所以内心还是很失落。失窃的画中有一幅字画，是台静农先生送给叶先生的一副对联，写的是她梦中所得的两句诗，她尤为珍爱。

叶先生虽然心里很难过，但很快又投入生活中。晓丹老师说，叶先生这代人与我们不同，他们能坦然接受生活坏的一面，因为一些事情可能没有预计中那么美好。

而我们这代人，却习惯认为生活一定要处处都好，一点儿挫败都足以让一颗心破碎。我们缺乏一种从平淡的生活中看到美好的能力——假如事业不够好，但想到婚姻平稳，似乎得到了一些安慰；假如婚姻破碎，但想到工作顺利，内心也会得到安慰。

我想，叶嘉莹先生以及她那个时代的其他女性，所拥有的那种宽和的力量，也是一种优雅。这种让人舒服的感觉，源自一种自洽的能量。

05

“优雅”这个词，其实源自拉丁文，它的本义是“挑选”，寓意是被上帝挑选的人或事物。能够拥有“优雅”的人，她们的心都是被上帝亲吻过的，温柔又善良。

在滚滚前行的生活面前，那些人从未懈怠，用自己的方式理解他人，爱这个世界，这种能力，实属可贵。一个平静的人，一个容易满足的人，一个自洽的人，总是会额外获得更多的幸运。我深以为然。

愿我们也能成为自洽又优雅的人。

第四章

相知相亲相爱，并不一定懂爱

相爱的意义，其实是共同经历人生中一段美好的时光。

结婚的意义，是爱上另一个自己，并与他一起抵御人生的种种风险。

如果不幸离婚，也不要悲伤，更不能放弃自己，

因为至少你拥有了一个重新来过的机会。

每一步都算数，每一种人生都值得庆祝。

每一个阶段的自己都美丽，人生需要绽放，

更需要珍惜每一个珍贵的平常。

结婚前要问自己的三个问题

01

一个朋友嫁给了自己一直崇拜的画家，给我留言说，结婚后才发现，画家并没有自己想象中那么浪漫。反而都是自己一脸浪漫，对方表示欣赏不来她的生活态度，让她脚踏实地一些，去过质朴的日子。最可恨的是，画家一直沉浸在自己的世界里，几乎不过问家务事。你若责备他，他便一脸无辜，认为照顾家庭是她应该做的事情，而他，要负责画画，完成作品。

朋友说自己的遭遇时，期待我给她建议，告诉她怎样把她先生引入正道，我却很羡慕她先生，结婚后还能保持好的创作状态。毕竟婚姻就像一面镜子，一下就会让人原形毕露。结婚后还愿意坚守梦想的人，注定要牺牲其他的时间来补充专业的能量。

我已经深刻地知晓了一个真理——不是结婚后，那个你爱的人判若两人，而是结婚前，你对自己结婚后的生活想象得过于丰富，过于天真。我们结婚的时候，多半是嫁给了憧憬。而一旦结婚，到了人生的另一个阶段，如果没有保持成长的状态，没有打开自己，心境一直停留在上一个阶段，真的会痛苦的。

因此，我认为结婚前要问自己的第一个问题是——你是否打破了自己之前对婚姻和爱情的幻想，趋于真实的考量，嫁给了你爱的人？

02

之前，我经常出差，每次航班起落或中途颠簸，听到机长的温馨提醒，我就会对航空公司或这次旅行产生莫名的好感。内心也会浮想，究竟是怎样的男人，这么温柔，这么有才气，这么稳妥。我对嫁给一个飞行员，有过许多美好的想象，比如可以与他一起搭乘航班去旅行，坐他开的飞机。

多年后，我如愿嫁给了一个飞行员。我能接受结婚后的某种不完美。每个人都有自己的生活空间，我们结婚，不是要消灭一个人专属的空间，不是把他的所有都敲碎，然后融入我们的生命中，而是要尊重另一个个体对生活的理解，对你的爱与付出。我们无法强迫任何一个人专心致志地围绕着自己生活，毕竟爱是寻常苦难生活里的一点儿甜。太甜腻，不持久，微微的甜，更浪漫。

即使结婚，人应该也是孤独的，享受一种丰富的安静。安静不是静止，也不是关闭，而是可以随时随地感受自己，感受他人，是享受孤独，享受思考的一种特别的状态。

爱一定是浪漫的，相爱也一定是美好的。但相爱的意义不只是结婚，还要更懂彼此，更懂彼此的爱。一个不了解自己的人，其实很难真正爱上另一个人。相爱是一件严肃的事情，但大多数人都习惯用情感来捆绑对方。

因此，结婚前要问自己的第二个问题是——如果没有眼前这个人，自己是否也可以生活得很好？他来并不是拯救我，而是与我一同来享受美好的生活。

03

我的一个女性朋友离婚了，一个人带着两个女儿生活，后来不幸从楼梯上跌落，她艰难地翻看手机通讯录，赶紧打电话喊前夫来帮忙，前夫也很快跑来，忙前忙后，场景十分甜蜜，好不温暖。家人们劝她复婚，女儿们更是吵闹着要爸爸妈妈永远在一起。

前夫趁势表白，也有意复合，她却拒绝了，说对前夫已经没了爱，仅有依赖，无法再续前缘。拒绝的时候，她满心骄傲，认为对方还爱着她。

直到有一天，她从女儿口中得知前夫再婚，不免伤心，可惜一切都晚了，突然有了生活中最精彩也最纠结的一部分被抽离的感觉。有一种可悲的婚姻生活是，不是结婚的那一刻才认识到自己很爱对方，也不是离婚时才发现自己很爱对方，而是对方再婚时，才发现他的名字早已刻在自己的灵魂中。

这个女性朋友接下来做的事情，是不停地纠缠前夫，后来上升到辱骂、殴打，一片狼藉，不可收拾。其实她是一个优雅、坚定且有智慧的女人，但在情感的困惑面前，人人平等。在糟糕的爱情难题面前，人很难有绝对的智慧，让自己全身而退。

因此，结婚之前要问自己的第三个问题是——离开眼前这个人，纵使会难过失落，你是否仍可以怡然自得地去追求自己想要的生活？

04

以上三个问题，与彼此的物质生活并无太多关联，更多的是精神的考量与连接。人精神的内在选择，比物质的外在选择更重要。

人们常说，女孩子改变自己命运的机会有两次，一次是出生，一次是结婚。一次是父母带给的，一次是先生带给的。我却认为，这个时代，改变命运的机会只有一次，那就是自己能不能先独立于世，独自精彩，成为一个完整的人，愿意在孤独中了解自己，更愿意深刻地去理解别人。

坦诚的人更容易相处，也更容易成功，会为自己减少许多不必要的麻烦。不要试着一直去追求成为有趣的人，去刺激自己的感官，丢失掉最真实的生活。自己都无法让自己快乐的人，别人更无法触达我们的世界。毕竟，结婚本质上是自己和自己的一场婚姻，不能雪中送炭，只能锦上添花。

唯一可以肯定的是，结婚后，人会改变，变得越来越温和、宽容，也越来越坚强、有责任心。

就像老舍先生写的那句话——我看世界越来越美，世界没有变得好看，是家人给了我更好看的视野。

爱情，
会让你重新认识自己

01

堂弟带着妹妹来找我，说是在上海找到了新的工作，做护士，自己找的工作。女孩清秀、漂亮、懂事，我刚要为她的勇敢鼓掌，她的哥哥却说，其实她很傻，固执得傻气。

他说妹妹傻的原因是，她不是为自己来上海的，是来奔赴男友的。他们自高中建立恋爱关系，一直到今年，足足八年。这八年的时间，男孩去当兵，去考研，换了城市，从青岛来到了上海。他所规划的未来是，落户上海，在上海买房，但规划中唯独少了女孩。

再看女孩这八年，能做的事情就是爱他、等他、依赖他，最后，失去了他。

男孩把原因归为母亲不同意这桩婚事。可八年爱情的积累和力量，还敌不过母亲的一言半语？说不通。男孩说自己还是爱她的，期待她能理解自己。

女孩善良又固执，最初还不肯放下身段，依然用命令的方式逼迫他做出选择，她说，我给你一个星期的时间，要么选择和我结婚，要么选择听妈妈的话。

男孩做这个选择没有那么难，他选择了后者。后者让他觉得轻松、安稳，没有吵闹。毕竟选择前者，意味着要承担责任，男孩太年轻了，还没有能力承担，或者是，他不想为了和女孩结婚，而不得不瞬间成长为一个大人。明明给了他一个星期的时间来选择，他却只用了一天，就给了她答案。他认真地说："我没有办法说服我的妈妈让我们结婚。"

这个回答很草率，我更认为是，他没有办法说服自己，跟女孩现在立刻结婚。

女孩念着男孩的好，觉得自己太急切了，太想要一个答案了，才为难到了男孩。傻女孩一般都会把过错归于自己。当然，爱情本身就是不公平的，被爱的那个仿佛一直有恃无恐。

02

我问女孩，虽然恋爱了八年，但其实你还很年轻，不过二十五岁，你为什么要逼迫男朋友结婚呢？女孩说，再过三天，是她的生日，她就二十六周岁了，身边的人给了自己很大的压力，她有同学已经结婚生子了。她是农村女孩，在农村这个年龄就是大龄青年了。

每个女孩的参照物一定要准确。一个女孩，拼尽全力地从农村考到城市，读书十多年，为的就是见到更大的世界，突破原有的眼界和视野。这个时候，依然用固有的旧标准来衡量全新的自己，你永远是不合格的。因为，你对标的参数不对。

我们的父母出生后的社会有自己的文明和衡量标准，而我们的出生和成长却是在后工业文明社会。父母的认知和选择，还停留在他们那个时代，虽然有些观念是根深蒂固的，但女性的成长，就是为了解除固有的桎梏。

我们不能一边打着要自由、要成长的旗帜，一边做着故步自封的事情。女孩的成长，更需要去尝试、去摸索，也需要身边人的鼓励、认可。

因为这个时代对女孩们依然是不公平的。二十五岁，像是一个魔咒，一旦过了这条线，就会有人来指点你的人生。你的家人、亲人、朋友，包括你自己，都会以过来人的身份告诉你，你长大了，你应该结婚生子了。不然，你就会错过女孩的黄金年龄。

我们再来看看男孩这个时候在做什么。二十五岁，恰好是他研究生毕业，或工作三年的黄金时期。职场上有待提升，学历上还可以继续镀金。外界也给了男孩很多出口，男孩的选择也更多元。他可以选择结婚，也可以选择继续体验生命、四处走走，无论怎样，都是被鼓励的。

03

我从小镇女孩一路走来，太知道女孩们在想什么了——大学刚毕业，有些自卑，人又耿直，不敢犯错，工作并没有特别理想，便想去依赖一个男人。再加上“内卷”兴起，自己想“躺平”，却不得不“站立”。这种姿态，本身就不舒服，很难活出自由感，更不要提自我了。

后来，我很少去评判感情中谁对谁错。我更期待大家可以想明白的是，你究竟想要什么样的爱情。因为，另一半是生活很重要的部分。然后，你要为自己穿上铠甲，去承受你能承受的事情。

爱，可能不是两个人的奔赴。但如果注定是一个人的付出，也要看清楚自己能承担怎样的后果。感情中没有绝对的对与错。任何一个选择都有缺陷，也有遗憾。

感情中更困惑的，更容易迷失的，依然是女性。可供女性选择的空间其实要比男性少很多。除了自私的家庭教育，我认为，女孩子更需要的是革新思想。只有心理上越来越强大，从内心不再依赖别人，选择权才会回归到自己手里。

爱情最好的姿态应该是——

我可以很爱你，也可以离开你。但不管怎样，我都要保证自己的姿态好看。我可以全心付出，也可以全身而退。因为，我不想因为爱一个人，而让我的世界倒塌。

如果你也爱着我，我们的方向一致，那么彼此就是对方的灯塔，我们要做彼此的引路人，一起往前，莫问前程。

如果你不再爱我，我也绝对不会放弃爱自己的义务和责任，我会更好地照顾自己，慢慢前行，直到遇见那个愿意把未来和自己重合的并肩的赶路人。

人的精神长相，是他活成的模样

01

漂亮且对生活充满期待的惠子，从英国留学回到上海后，并没有成为自己想象中的成功女性，穿梭在这个城市最繁华的写字楼里，她反而陷入了一种更深的迷茫。

先是长辈接二连三地催婚，还有身边朋友不断递来的邀请函，这一切让惠子明白，身边的人与事都在改变。自己也在改变，她已经从最初坚定的单身主义者，长成了一个期待婚姻的大龄文艺女青年。她开始期待与一个人好好相爱，结婚生子。

可放眼望去，身边空无一人。仿佛就在前几日，有几个男人还围绕在她身边，与她暧昧、表白，怎么突然之间，他们都步入了婚姻，唯独自己仍是一个单身且孤独的人。

焦虑的惠子为了脱单，做过许多努力，花了重金成为某个相亲网站的会员，每到周末就去参加相亲派对，去爬山、远郊、运动，亲人朋友们安排的相亲局她也不会错过，忙得不亦乐乎。

某个秋风正好的夜晚，惠子的心突然安静下来，她发现这段时间爱情没有找到，仿佛把自己也丢了。回想相亲的对象，各种模样，各种职业，却没有印象深刻的男人，难免沮丧。

惠子打电话问我，如果一直没有结婚，会不会后悔？我说，会，毕竟结婚或不结婚，你都会后悔。她问我结婚的意义是什么，如果她一生没有结婚，大家会怎样看她，同情或可怜的表情，她都不想要。

我想结婚这件事，除了是人生最独特的体验之外，它还是我们的一种精神长相。你选择的那个人，是潜意识参与的优化，代表了你选择的一种生活，代表了你心中的另一个自己，另一种远方。而这一切都会像是化学反应一样，不停地发酵、改变、交融，让你成为一个全新的自己，而他也成为你生命中最重要的那一部分。

好的婚姻，是光，是亮，是长久地让内心舒服和柔软的力量。好的婚姻，也会让一个人越来越好看。但假如真的没有遇见好的婚姻，也不必焦虑重重，不如重塑自我、寻找自我。一旦自我确立，越来越强大，越来越成熟，就会更知道自己想要什么。

一旦我们拥有更多的自由和权利，来为想要的东西买单时，爱情或婚姻只是馈赠。

一个人单身时最理想的状态应该是：当爱情或婚姻来到我们的身边，我们会勇敢地迎接；当它走时，我们会难过，但不至于失去全世界；当它不在，我们也有足够的耐心等待，并有足够的信心让自己变得更坦然，更丰富。

02

其实，我每天在公众号后台看到的最多的留言是“要不要结婚？结婚了不甘心，离婚了又痛苦”这类情感问题。也有人说，我已经做好了准备，要单身一辈子，期待我的祝福，并寻求一些建议。

勇敢面对自己的真心才是最难的一件事。如果一个女性非常独立，靠自己的力量去工作，去生活，并享受其中，直到终老，也可以优雅、淡定地接受自己的选择，也不失为一种完美的人生。

香奈儿这一生爱过许多男人，也被许多男人真心地爱过，但她最终错失了所有人。直到老去，她选择住在瑞士，身边虽然空无一人，但她开创了时尚帝国香奈儿。这样卓越的人生，早已无法用婚姻或爱情来衡量。因为她足够耀眼，足够智慧，足够投入于事业，爱情便不再是她的唯一。

经常可以看到年长的阿姨，一生没有嫁人，已经退休，一个人旅行、生活，怡然自得，也很幸福。记忆深刻的是一个阿姨，卖了一辈子奶茶，直到六十岁，依然单身。有记者问她，没有结婚你会后悔吗？她斩钉截铁地回答，后悔倒没有，活在当下最重要。

就是这些精彩的单身者的生活面貌，打开了我的认知世界，让我发现人生不止一面，精彩不止一面，卓越也不止一面，尝试不止一种，答案也不止一种。

我们太喜欢要一个标准答案，就以为活着这件事，是有一个标准的，并且以此来衡量自己是否成功、是否优秀。但我相信，这个标准答案正在模糊，对于活着的意义、相爱的意义、结婚的意义，也有了不一样的声音，绝对不再像过去那么趋于一致。正是答案的丰富性，让我们看到了每个人的不同面，以及生活和选择的多面性。

感谢这个时代，给予了我们那么大的空间，也给予了我们足够多的机会，让我们去发觉、去感受、去尝试、去失败、去成长。活着的意义，不再仅仅是为了吃饱，相爱的意义，也不再仅仅是为了结婚生子。

03

这一生，如果找不到同行者，也要记得温暖自己，不必否定缘分，也不必迁怒命运的安排，走好当下的路最重要。

这一生究竟是结婚过得更丰富，还是单身过得更自由？这个问题最好的答案是——我们无法掌控的事情太多，生活像是有许多分支的河流，你不能决定分支河流的走向，但能决定自己的内心不去跟着哪些河流走，不受哪些分支的影响。

所以，不必着急确定一个答案，感情是迂回的河流。在某一个时刻，你觉得对的答案，后来再看，可能会失去当时的执着；在某一个地点，你认为是走错的弯路，也可能是生活的馈赠。

老舍写道，三十岁前别着急结婚，先了解自己。

二十多岁时莽撞无知，三十岁时非常认同。了解自己，并非抬高自我，蔑视他人，而是多方面的平衡。毕竟确定你是谁，你才能真正爱上一个人。相信时间，相信爱一定会来，不管多迟，这世间都有真心人在等你。

因此，不妨把时间与精力放在自我成长上面，这比纠结结婚还是单身要实在得多。毕竟这些问题，在你遇见的那一刻，就是对内心的锤炼，自己想不明白的事情，任何建议都是枉然。

爱的耐心，最有力量

01

这段时间，为了写好这本书，我每天都会在固定的时间，去固定的咖啡馆写作。上海人喜欢咖啡的味道，平日里，咖啡馆里人满为患。人多会显得格外嘈杂，我经常为之苦恼。因此，每天早晨九点之前，我都要早早地来到咖啡馆，占住一个位置，一直写到晚上十点咖啡馆关门。中间累了，我就去周边的小公园走走。

咖啡馆关门的时候，我就很怀念北京那家二十四小时书店，可以写上几天几夜。尤其是写作的兴致来了，那种感觉，会让你忘记现实的一切，只想把内心的故事和感受赶紧写出来。

在北京，我和好几个作者朋友都喜欢坐在24小时营业的三联书店里看书。每次交稿，都会闭关，藏在书店里写作。尤其是冬天，在里面写起来会很有感觉。我记得那个书店的地下一层，旁边都是书，还有许多都是外面买不到的绝版书。书店还藏着一群考研的学生，以及通宵赶项目的职场人，学习氛围很浓厚，彼此之间会有些惺惺相惜的感觉。

就在我每天都要去的咖啡馆里，也有一些拿着电脑努力工作的中年人。他们和我一样，一坐一天。后来，我们熟悉了，每天都会点头微笑，打个招呼。

02

最常见的两位年轻人，他们是一对情侣。男孩子在一旁拿着几本厚厚的书在看，其中不乏考研秘籍等。女孩子在一旁陪伴着，无聊地看着视频打发时间，有时会睡一上午。看得出来两个人很相爱，女孩子肯定更爱男孩，每次看男孩的眼神中都满是崇拜，点好咖啡后，会主动把男孩的咖啡端到他的面前。

做这些事情的时候，她格外小心翼翼，害怕打扰到他。我也是第一次看到这样辛苦的陪考人，有许多次，忍不住想上去善意地提醒女孩，与其这样陪着，还不如好好看书，跟男朋友一起考研试试。

但这座冷漠、客气的城市，维持彼此之间恰到好处的距离感的第一条准则，是不能随意给别人提建议。虽然我们经常坐在一张桌子上看书，但从头到尾没有说过一句话。

考研结束后，他们再也没有来过。我的对面空了很久。第二年的春天，女孩又坐到了我的对面，若有所思，面色苍白。她突然看向我，问我："可以交流一会儿吗？"

我欣然答应。

故事的大概与我猜测得差不多。此时，女孩失恋了。她和他的故事，比想象中复杂。

他从高中到大学，一直主动地追求她，想要与她在一起，待她是真心好。她特别传统，又很固执，遇见爱情，如慌乱不已的一头小鹿，欢天喜地地在草地上奔跑，又会小心翼翼地躲藏。她以为他们会一生一世一双人，未想过，男孩的母亲并不同意他们在一起，经常让她难堪。

她是那种即使牺牲自己，也不会喊疼的女孩。纵使对方多次给她压力，让她难受，她也一次次忍了下来。忍，就意味着一切。这句话从她口中说出来，那么自然，仿佛她生来就该承受这压力或诋毁。

这真的让我很震惊。一个女孩，在最好的年纪，应该将时间献给谁？显然，这个答案可以是爱情，可以是事业，也可以是学业。但前者肯定是冒险的。爱情，如果只以结果来计算它的得失，你就会失望。我从不否认爱情的美好，但自己要能承受美好的代价。

爱一个人，就会在其中被伤害，或不自觉地伤害别人。自己像风雨中逃亡的风一样，是会成长的，也会在曲折的过程中，形成自己的走向。不知何时，心里就生出了力量，身体也有了铠甲。

03

我并不鼓励大家戒掉爱情。不过当爱情来到身边时，想清醒，也无比难。但也有一个可能是，你可以把爱一个人的力气拿出来一部分，去提升自己，去爱自己。比如，可以给自己制订一个计划，计划里可以没有身边的爱人，但一定要有自己的远方，未来的某一刻，你要成为的那个人的模样。

女人，要活得超前一些、潇洒一些、目光坚定一些，甚至狠一些。要有一种定力，不管在任何地方跌倒，都有把自己拔出来的那股狠劲儿。

有篇火爆全网的文章，大意是深圳女孩只想搞钱，不想要爱情。我并不认同这种观念。

只是搞钱和干饭的人生，只有快感，没有快乐。生活是需要质感的，有体验、有参与，也就意味着有爱、有跌落、有恨、有破碎，有一切的味道，也有一切的体会。

我与女孩交流了许久。夜色已深，她也终于不再愁容满面。她说，我三个月没有好好睡觉了，每天一闭眼，想到我即将失去所爱的人，就很恐慌、害怕。我不想一无所有。

我说，你还有你自己。大多数时刻，你只有你自己。向内看，你有你的勇敢、你的本色、你的纯粹与天真、你的追求与梦想。好好珍惜这些。握不住的就要放手，握住的时候，珍惜就好。

而这就是生活的样子。

就像这窗外的夜色，一点点遮住世界本来的样子。人在灰色心情笼罩时，是看不到阳光下的美景的。但只要你有耐心等，天亮了，就可以重新出发、重新遇见、重新感动。

爱一直在，只是有人看不到

01

再次见到阿珠，恍若隔世。之前写过她的故事，赞美过她的勇敢、执着、坚强、勤劳。特别是年轻的时候，仿佛拥有这些品质就已足够。随着年岁增长，所遇之事越来越芜杂，这些品质已不足以抵御世事风雨。

阿珠毕业后一个人前往广州打拼。因为她太忙了，每次联系她，她都像是销声匿迹。忙完本职工作，还要忙兼职。最后终于如愿买房、安家，把父母从北方接到广州，一起安享生活。

本是最妥当的安排。可后来阿珠结婚了，先生与她一样，也是在广州打拼的北方男人，老实、沉默。阿珠给我描述说，看到他的第一眼，她自己觉得很踏实、安心、舒服。

他们很快结婚了，又很快拥有了一个女儿，这本是特别幸福的一件事，身旁祝福的话音刚落，他们却发现烦恼和痛苦也伴随着幸福来到他们身边。

或者是，生活中所有事情都是纵横交错，百种情绪交杂。人与人的处事，一家人在一个屋檐下的相处，都是极厚的一本书，里面写满了心事，无处诉说。

02

阿珠的父母与先生的父母都想与孩子们住在一起，很快成了对立面，争吵不休。阿珠和先生一开始还可以应付，但因此耗费了许多精力，后来很快疲惫，任由他们争闹，再到最后彼此开始怀疑是否真的适合继续在一起。

阿珠想过让父母回到北方，可一想到父母只有自己一个女儿，她只好作罢。劝说公婆离开广州回老家，可又让先生和自己面临了同样的困境。

再想想，如果在先生和父母之间做个选择，虽然阿珠读过许多书，但依然认为父母才是谁也不能替代的人。就在阿珠摇摆的同时，先生也在纠结。他们分不清双方父母第几次争吵了，总之，在某个风和日丽的上午，两个人不谋而合地选择去办理了离婚手续。

办完离婚手续后，两个人还一起吃了一顿隆重的西餐，那是阿珠一直心心念念的美食。吃到嘴里，阿珠说，真难吃。先生说，居然是生肉，这味道跟咱们北方的烤肉没法比。

两个人快乐地回想了童年的美食，好像从来没有像现在这样相处得如此坦荡、自在。虽然分开有些遗憾，但在一起又无法解决许多现实的问题。可能爱也需要一些距离，不远不近，才能保持满心欢喜。如果太近，注定是一场灾难；如果太远，想象的力量支撑不了。

没有出轨、背叛，甚至没有特别激烈的争吵，阿珠就这样选择结束了这段婚姻。彼此的感情还在，谈不上像从前那么亲密，但至少比普通朋友亲近。没有世俗的财产争夺，阿珠的先生礼貌且客气地带着自己的父母退场。

阿珠和父母的生活又回到了从前的平静，只有小女儿咿咿呀呀，仿佛在抗议，这一切安排是否考虑过她的感受？从此，阿珠过上了单身母亲的生活，两年后，阿珠再婚，给我打电话，欣喜若狂地说："这个男孩我真的是喜欢，他让我觉得很心安、舒服。"这句话这么耳熟，让我想起当时阿珠见到前夫第一眼时的描述。

不管旁人怎样提醒，阿珠还是陷进去了，用她的热情和天真爱上了另一个很像前夫的人。之后，两个人因为孩子的养育和归属问题吵得不可开交，阿珠的父母和对方的父母又一次针锋相对，阿珠再次"站队"父母，不可避免地又走上了离婚的路。

当她问我"要不要离婚"时，我一时语塞。

现实世界打败我们的，不是困境，不是细节，而是认知，是一次次想绕过去，又重新回来的生活怪圈。有些感情无法丢弃，有些人无法忘记。决定要一个人赶路，未免孤独，两个人同时出发，又觉得拥挤。前方未知，远方很远。

03

现实里有这样一个残忍的真相：分手或离婚后，如果自己不改变，你再次喜欢的那个人，可能还是和之前爱人相似的人，你再次遇见的问题，可能还是上一段感情遇见的问题的重复。你丢弃的东西还会不知不觉地回到你的身边，你还要面临之前未解决的问题。

一切都像是吸引力法则，有些弯路绕不过去。

村上春树的新书《弃猫》里讲述了这样一个故事——村上春树和父亲把一只猫丢弃在了海边，回家的路上，两个人无比伤感，一直回想那只猫和自己相处的愉快时光。有那么几个瞬间，他们甚至后悔丢弃了那只陪伴自己许久的猫。

两个人一路无言，略显沉重。回到家中，一抬头，居然看见了那只被丢弃的猫儿，正蹲在家门口。村上抬头看到父亲的神情由惊讶转为叹服，接着好像还松了口气。那一刻，村上如释重负。所以，有时，你拼命地想丢弃的东西是丢不掉的，它们总有理由让你无法摆脱。

04

每次看到那些人面对别人的婚姻困境侃侃而谈，会不由自主地给对方很多建议时，我都会在内心否定这样的做法。理解一定存在，但人类的悲欢并不相通。困境就像一条河流，只有靠自己蹚过去才是成长，他人的助力类似于拔苗助长，很可能弊大于利。

问题就是绕不开的弯路，总要一走再走，一错再错，才知道自己该走哪条路，该过怎样的人生。许多时候，人生无法太执着。一个人所拥有的东西，构成了一个完整的自己。抛开其中的一部分，注定要无比疼痛。不如带着这一部分一起往前走，勇敢一些，果敢一些，结果不会差。

人是因为害怕看不到理想的结果，才不敢迈出关键的一步。但内心要有这样的信念：迈出这一步，就可以看到更大的世界，前方一定会比现在更好。这个是可以肯定的。每一刻的机遇，丰富且有选择，就是幸运中的幸运。

且记住，人生每一个阶段都会有困境，一步有一步的难与乐，一岁有一岁的苦与福，不必把所有的问题都向外求助，而应该脚踏实地走好脚下的路，一点点处理好眼前的事情。

世事难两全。所有的苦，都带着期待；所有的乐，也都带着无奈。不要向别人要建议，要结果，多让自己思考，多让自己经历，比什么都重要。

第五章

你会怀念自我更新的那一年

另一个空间、另一个世界、另一种生活以及另一个我。
每当遇见困境无法解脱时，
我都会想象另一个自己在其他空间突破了眼前的困境。
即使那个空间不存在，我也坚持认为，
只要我向前看，我就能偶遇另一个自己。
就在这样的信念中，我不断地更新自己，
也更新着我对世界的爱与理解。
既然没有什么是永恒的，为何不趁着年轻时，
多去寻觅一下自我的可能性。
毕竟人是在逐步拓展自己的世界里，
变得越来越强大，也越来越美好。

我们都需要
自我更新的那一年

01

认识南城时，她才二十多岁，是一个酒店的配饰设计师。那时的她才华横溢，白天做配饰设计师，晚上熬夜写作。

我就是她的读者，经常看她写的爱情故事专栏，情情爱爱、曲曲折折，没有开始、没有结束，有的只是天马行空的聚散离合，以及她对爱情的无尽想象。有些危险、刺激，但结局大多是温暖、寻常。那时候，她的文字是那么生涩，但仿佛一直有一种魔力，吸引着我们去欣赏，去陪伴故事中的人经历、成长。

她的文字影响了年轻时的我的婚恋观。那个时候她只是一个小作者，认识她的人很少。我看她写自己去很多地方旅行，到了腾冲，没有钱回北京，她就在路边摆了一个摊位，售卖她听到的各种版本的故事，以及她自己的故事，分不清哪些是真实的事件，哪些是虚构的人生。

就这样，她靠说故事赚到了路费，虽然只够买一张绿皮火车票。她写道，自己以后要去过一种旅居的人生。每隔一段时间，就换一个城市，带着家人看各色风景，敲开不一样的人生大门。

但后来她很快结婚，成了全职妈妈，住在北京的郊区。结婚生子，生活陷入了暂时的安静。但不时地，她会写自己对生活新的理解，一步一脚印，生活磨难重重，但每一个变化都被她描述得有趣且轻松。

我一直关注那个与众不同的女孩，有时听别人分享她的故事，那种津津有味的感觉，仿佛自己与她一起经历了那段了不起的人生。

我喜欢南城那种女孩，心气高，足够优秀，也足够骄傲。你在她仰着的脸上看不到生活的痕迹，只有坚决、美好。她活得十分努力，看上去却没有那么用力。她一直在追求自己想要的生活，从不妥协，失败过、潦倒过，但从未放弃过。

毕竟，在一个城市漂泊的年轻人，突然换一个活法，拥有一段爱情或婚姻，都需要极度努力，付出代价，改变生活的轨迹。大多数人不敢爱、不敢恨，捂着胸口，告诫自己做一个寻常的人。于是，我们小心翼翼地，不知不觉就走完了青春。所以，那个勇敢的女孩，就格外惹眼。

我羡慕南城，羡慕她敢于尝试、敢于转换，她变换着生命的轨道，改变自己的步伐，眼神坚定、内心坦然。

我在北京逐渐接近三十岁的过程中，那个比我大几岁的女孩南城，迅速地拥有了两个孩子，她设计、画画、写作，各种尝试、折腾，后来卖了北京的房子，带着一家人搬到了云南古镇。

在云南那个古镇，她终于住上了独栋的房屋。两个孩子也都按照她的意愿，过上了像她小时候那般的生活。每天上学下学，就跳跃在大自然中，偶尔学鸟鸣，捉一只可爱的虫子，从外表来看，已彻底融入乡间的生活。在北京妈妈们还在疯狂“内卷”的情境中，她依然按照自己的步伐，不疾不徐地前行。

南城本以为平淡的生活会一直这么持续下去，毕竟，这就是她梦寐以求的人生。

02

2020年，南城开的民宿、酒馆因为各种原因垮掉了，她赔了不少钱，生活因此一团糟。

她不得不变卖了民宿，把独栋的房子变成了更小的院落，把生活费用一缩再缩，只求能躲过这一劫难。没想到，劫难来势汹涌，病痛带走了南城的父亲，感情破裂带走了她的先生，而这一切，几乎把南城打垮。

她看向奔跑在田地午后的阳光里的两个孩子，他们是这个世界最后的温柔。倔强的南城，带着瘦弱的背影，牵起母亲与孩子的双手，再次出发，前往北京。

北京，还有自己的梦。她想成为一个优秀的室内设计师，她要辛苦地赚钱，要重新支撑起一个家。其实，她去的时候并非勇气满满，去之前她向朋友们打听，得到的消息几乎都是打击，大家纷纷说，北京“内卷”得厉害，尤其是设计师这个行业，几乎不得发展。再重新回来，不仅没有可能东山再起，还有可能摔得更惨。

大家把这个行业描述得黑暗如斯，南城却决定要在这里大展身手。她利用晚上的时间学习拍摄以及剪辑，学习行业知识，一不小心，陪着星星熬过一个晚上。白天，她起来很早，跑出去工作，有一种强大的意志力，支撑着她去尝试、付出。那种强大的意志力，是生活的压力，也是她的梦想的重量。

南城说，人不能放弃自己，她可以接受全世界的放弃与背离。她把这一年称为自我更新的一年。在这一年里，她换了城市，换了身份，换了工作，换了生活模式。

夜晚，孤独的时候，南城怨恨的不是前夫的放弃，而是自己当时的脆弱与不成熟。当一个人不再把责任推向别人时，意味着她开始拥有责任与担当的意识。

来不及伤感，她开始营业，日复一日，拍摄、剪辑、直播，拼尽全力，无问西东，几经跌倒，跌跌撞撞，终于上岸。

03

再听南城的故事，她已平静如初，安稳地度过了最艰难的一年，完成了自我更新。笑容开始爬上她的脸颊。她又重新苏醒，计划着下一段人生该何时出发。每个人都会有自我更新的那一年，逼着你成为更好的自己，如果你走到了这一年、这一步、这一刻，千万不要自怨自艾，要珍惜这一年给自己的更新。那是成长最好的礼物。

南城，那个从小镇走出来的女孩，脆弱又迷人，坚强又敏感。十六岁离开家乡，去县城读高中，而后又前往北京读大学、工作，后来又去云南定居，到现在她又来到北京这座城市生活。一路走来，她离家的距离越来越远。

但她在行走的路上，收获了另一个家。有时跌宕起伏，有时平静如初，生活有它自己的脚本，任谁也无法改变，只能踏足去经历、去接受、去改变。

虽然，她也不知道人生的下一个目的地是哪里，她又会遇见什么样的故事。但随着生命际遇的改变，人也会一直改变，改变想法，改变目标、追求，有时是被动的改变，有时是主动的改变。其实，我们在这段旅途中，根本无法分清楚哪一个才是最真实的自己。

可这样就足够好。有时，你寻找的自我，并不一定是真实的自我。但这样的闪烁不定，让人生足够迷人。

再见，南城。我也要起身，从北京这座城市出发，往南方的城市走去。我把所有的行李都装进了两个行李箱。人生总会有那么一瞬间开窍，请你毫不犹豫地抓住它。

我听见南城说，女孩，你要勇敢。

我说，一定会的。

你愿意过被安排好的理想人生吗

01

记得那年夏天，我被邀请参加一个电视节目，对方期待我写一个话题。我写好了话题与提纲：“你愿意过被安排好的理想人生吗？”

交上去后，那边的编辑立刻给我打了电话，让我围绕这个话题，聊一聊自己的感受。我和她电话沟通，说了很多，很久。她也很感动，说自己几次险些落泪。

02

我说自己不愿去过被安排好的理想人生。试想一下，如果从你出生那一刻，你就不用担心生活，也丧失了选择的权利，你只需要按部就班地往前走，前面一帆风顺，你甚至不用努力，就能知道自己的未来有命运的馈赠。生活没有未知数，有的是设定好的完美人生，就像那部电影《楚门的世界》，一个伟大的造物主，已经为你准备好了一切。

这样的人生，你是会享受，还是想逃跑？至少楚门给了我们真实的答案。

当然，被安排好的理想的生活，是不存在的。即使存在，生活在里面的人也会很脆弱。因为没有经历过痛苦的人，不足以语人生；没有经历过挫败，就没有坚强的那一面。生活里没有选择的权利，意味着属于自己的东西很少。

我其实最怕那种一眼望到头的生活。从你入职第一天，你就知道退休时自己会拥有怎样的人生。但我们都被困在了命运中，为了生计不断地妥协。所以，不管过哪一种人生，潜意识里，其实都是你自己接受并选择的。

她又问我：那么，一个女孩特别喜欢艺术，一直坚持做与艺术相关的职业，家人都反对，并期待她早日结婚。这个女孩还要坚持吗？

我说，这个答案别人无法给予她。这是她自己的人生，要为自己负责。我反而觉得如果女孩问出来这个问题，多半是家人没有为她找到合适的结婚人选，对方并没有足够的吸引力来改变女孩，让她放弃追梦，听从父母的建议。女孩也没有在自己的行业做出成绩，没有足够的自信来支撑自己的选择，没有足够的成果让家人信服她的选择是对的。

父母和孩子面对同一个问题时，产生不同的态度甚至矛盾，其实都要从两个方面来看待。每一件事情有A面，也有B面。A面藏着一个人对这个世界新鲜的理解，B面藏着一个人这一生深厚的生活经验。两者可以在某一个方面达成共识，但更多的还是摩擦。

父母期待用一生的经验告诉我们，不要走弯路。但年轻时，我们都是张爱玲笔下的葛薇龙，谁也劝不住，都要走那条非走不可的弯路。

年轻人期待父辈可以理解自己，其实根本无法实现。我们和父母，早已是两个时代的人，有着不同的认知、不同的态度，不一样的期待、追求和目标。

虽然我们很爱彼此，但我们无法去过他们安排好的人生，因为那是他们设定好的生活。他们也无法理解我们期待的人生，因为这是我们的选择。再相爱的人，即使心连着心，也是两个人。

03

我和那个编辑聊了很久这个话题，彼此都很感动。她说，会整理好文档、脚本给我看。我满怀期待地等了她三天。第三天的晚上，她又说，这个话题太好了，被另一个嘉宾去做特别节目了。咱们再换一个话题继续聊吧，你知道的，这个嘉宾我们请来特别不容易。

我听了以后非常沮丧，便拒绝了她的请求。的确，另一个嘉宾的名字如雷贯耳，我默默地想，我要记住这个名字，然后默默努力，超越她，让大家记住我的名字。我特意回复了那个编辑一段话：谢谢你的好意与安排，更感谢你教我明白了一个做人做事的道理——当我自己是一个弱者的时候，我要有弱德之美，当我成为一个特别强大的人时，我期待自己不要像今天这般骄傲着去欺负比我弱小的人。

谁也没想到，不久之后，那个嘉宾莫名其妙地不火了，慢慢销声匿迹了。

所以，生活的剧本你永远猜不到它的下一步是什么。我们只能安安静静地往前走，看着它高楼起，看着它高楼塌，而我们能做的就是自己不去尝试做剧本中的那个坏人。

所谓的可以被安排的理想生活，也是一种天真的理想。天真是正念的时候，会汇聚很多正能量，天真一旦有了歪念瞎想，就会不堪一击，随时倒塌。

我们没有办法去过那种不用经历风雨、只需看岁月静好的生活。任何时代都有考验。只有一个觉醒且内心丰富的人，才能接受所有的安排，并找到合适的路。只有一个充满希望且充满能量的人，才会处理好自己与时代的关系，找到最适合自己的那条路。

04

一个作者写过这样的故事。在日本，他到访过一座寺庙。寺庙的旁边有一块巨大的荒地。住持告诉他，他看到的荒地原先是一座寺庙。后来，他们把寺庙拆掉了，重新建造了一座寺庙。每过二十年，他们都会拆掉原来的寺庙，在旁边新建一座。

作者不解，问住持，这样岂不是没事找事？

住持却说，寺庙里的僧人，有的是木匠，有的是砖瓦匠，有的是雕花匠，他们可以重新练习手艺。不停地倒塌，不停地建起，人们就会找到存在的价值。最重要的一点是，我们终于明白，没有什么是永恒的，即使是神圣的寺庙，也是要靠双手去建造的。

没有什么是永恒的，一切都在变幻之中，包括我们的理想生活，包括我们自己，都在变化中拥抱了不一样的命运。而这才是最真实的人生。

写给家与自己分属两个城市的人

01

我在上海这座城市见到了许许多多这样的人，他们一个人在孤独的城市打拼，伴侣与孩子，都在另外一座城市生活。

我有一个朋友叮当，她一个人在北京工作，先生和孩子都在南京。叮当很优秀，真的非常优秀，三十岁时，考取了全额奖学金去了欧洲留学，回国后就在北京工作，很努力，也很辛苦。

叮当每隔几个月会回去见一下家人，然后匆匆告别，再次回到北京。回到北京后，对孩子的想念会像疯草一样狂长，有时会思念到流泪。孩子在一天天长大，老人在一天天老去，都在迫不及待地等待着她去付出、去陪伴。

纠结的叮当，中间也想过放弃北京的工作，回到南京生活。但不舍得北京户口，更不舍得这份喜欢的工作，左右为难，来回摇摆。她说，假设回到南京，无论找什么工作，都要从头再来，想想会觉得害怕。她问我自己摇摆的原因是什么。

我想，真实的原因，可能是此时家人对她的需要，比她对家人的需要要大得多。

其实，我当时从北京来上海找我先生的时候，也是丢弃了北京的一切——房子、工作、朋友、亲人，自然，我也很理解叮当的内心活动。丢弃有些不甘心，不丢弃，仿佛身体和心自然地分裂成了两半，一半在自己所在的城市，一半在家人所在的城市。

女人成长的路上，尤其是当下的女人，一路走来，注定都是艰难的选择。

女人和男人最大的不同，在于女人很在意自己跟身边人的关系。每走一段路，她都会回头看看自己，看看周围的人。她是善意的，也是感性的，她更在意自己和家人的关系。而男人会更注重自己与自己的关系，关心自己的成长，他在一段时间内有没有超越从前，有没有变得更好。

有些选择可能是因为困境，随着年龄的增长，在工作中，这样的问题会越来越明显。职场是一个残忍的金字塔构造，在它上升的通道中，属于年长者的职位和选择会越来越少。日复一日地工作，你会发现，身边认识的年轻人，他们工作几年之后，会自然而然地离开这个城市，回到家乡去过另一种人生。仿佛水滴蒸发一般，无声无息。

沉淀下来的这些人，注定是优秀的。但优秀的人的共同特征是，与家庭相比，他们的时间更多地属于社会。一个人越来越优秀，为了保持这种优秀，注定要耗费更多的精力和时间来打磨自己的心力与技能。然后把这种心力、创造力，贡献给社会，陪伴家人的时间自然会减少。

所以，得给自己定位，要么心甘情愿地去做一个优秀的人，为社会付出，不断地拿出一切；要么学会取舍，把时间与精力一分为二，一半给予自己与家人，一半回馈工作。取舍之间，你会知道什么是最重要的。

02

我记得自己刚去北京的时候，认识一个朋友阿曼。阿曼的父亲常年在日本工作，母亲是北京歌剧舞剧院的歌手，常年在全世界各地出差。两个人很少见面，但很相爱。每天都要打电话，交流许久。

一次，她的母亲生病住院了，父亲特意赶回来，母亲拉着父亲的手，说了许多伤感的话。都是关心他、想念他的一些言词，居然没有一句对阿曼的留恋。

阿曼的父亲真的很爱母亲，母亲也真的很爱父亲。但若要两个人中的一个舍弃工作来陪伴对方，也绝无可能。后来，我听说他们离婚了。阿曼的父亲在日本有了新的家庭，第二任妻子是上海人，为了与他在一起，舍弃了上海的一切。

阿曼从此很少再见父亲，只是同情母亲的遭遇，有时也会质问母亲，为何不去日本陪伴父亲，陪伴才是爱。母亲无奈地说：

“你的姥姥姥爷年纪大了，你也要读书，我们一家人也要在一起。我和你的父亲是爱情，我可以一直爱着他。但我更爱你们，因为你们是我的亲人，亲人，就是要一直在一起。”

阿曼泪流满面。后来她的结婚条件里加了这样一条：要可以接受自己和母亲一起生活，要陪着自己的母亲老去。她心里只有一个想法，不要让母亲变成留守老人。

人的感情是如此复杂，我后来才发现，不是依据相爱或不爱，就能简单地判断一段感情适合不适合。人和人在一起，是时机成熟的一个总和，需要天时地利人和，才有缘聚在一起细数细水长流的日子。

03

我采访过一个写作者，她和先生就是北京、上海两地飞。有时，她在上海，有时，她在北京。先生大部分时间在北京，小部分时间全世界飞。她说很享受这样的爱情，因为常常要分别，相聚的时间就变得很珍贵。舍不得吵架，舍不得冷战，能相见的时候多见面，能相爱的时候多相爱。

但她也为此付出了代价。本来不想走女强人路线，但因为先生很优秀，她不得已也要变得优秀，才可以旗鼓相当。慢慢地，错过了生育的最好年纪，但想想爱人，似乎一切也值得。

我也曾有这样的困惑与选择。有一个很好的机会，我可以去北京的一家出版社工作，工作内容、职位，我都很满意，对方是我多年的老朋友，相信去了那里，我会得到更好更快的成长。

但现实是，我可能无法长时间待在北京工作。因为我会担心和思念自己的先生、孩子。长期两地跑，一边是北京，一边是上海，需要很大的力气与定力。再加上我先生的工作又是全世界各地飞的状态，我很难安心。

虽然我经常看到业内的一些朋友，在两三个城市来回飞，一边是工作，一边是家庭，处理得妥当又自然，但我是缺乏这种能力的。或者说，我也不想拥有这种分裂自己和家人的能力。

当然，我其实也不太鼓励为了成长、为了优秀，与家人长久分离。一个人要知道他是为了什么出发，才能够更好地回到生活的本身中来。

活着，就是为了让自己和身边的人过得更好。过得更好的一个标准，我认为是常常见面。

不要觉得见面很容易，慢慢会发现，人生许多告别都是匆忙的，甚至来不及见最后一面。许多人背井离乡，所赚到的钱，只能填补这个家一部分的需要与缺口，还有一部分的需求是精神的需求与羁绊。一个没有羁绊的人，是冷漠且不成熟的。

站在窗台，望向窗外，人群在上海的南京西路这里簇拥成团。那么多人、那么多心情、那么多故事，人们为了生活，可以妥协、可以牺牲、可以不顾一切。却不知兜了一圈，最基础的事情并没有完成，那就是与家人一起度过生命中的每一天。我讨厌那种所谓的自我成长，不停地逞强，把自己架在最高的位置，却遗忘了最初的出发是为了家人过得更好。

而衡量一家人是否过得更好，其中有一个最基本的准则——所有的经历、风雨和阳光，你都一一在场。

真正的高情商，是尊重自己与他人

01

看过好多文章写“高情商”，也听了一些讲“高情商”的课，我发现其实好多人都误解了高情商，以为高情商就是口才好、能言会道。

其实，高情商不是八面玲珑，不是能说会道，甚至不是市面上常见的沟通课。高情商是一种让人信任的能力，是人性里的温暖。真正的高情商，是在交流中让人看到自己的真诚，感受到被尊重的善意。在与人交流交往的过程中，可以谦逊，懂得退让，不咄咄逼人，也可以做到不卑不亢。

或者，也可以简单地理解为，当你看见一个人，就无条件地喜欢或信任他，那么，他的情商可能非常高。

02

说到高情商，我会想起《百年孤独》的作者马尔克斯。他是一个很浪漫的人，很爱妻子梅赛德斯，虽与妻子青梅竹马，他却有意忽略了她的年龄。即使遇见别人打探或需要填写年龄这一栏时，他也是特意空下她的年龄，让妻子独自填写。

马尔克斯写《百年孤独》到一半时，家中的钱花光了，他们便卖掉了汽车。后来，卖车的钱也花光了，妻子就去当铺卖掉首饰等，从未因为生计让他停止写作。

待此书写好后，他们赶紧去邮寄作品，却发现邮费不够，被告知只能先寄一半。聪明的梅赛德斯寄了下半部，等编辑收到稿子后，立刻支付了所有的稿费，要求他们把上半部寄过去。

马尔克斯能够全身心地写作，得益于妻子无条件的爱以及她的聪慧和独立。如果没有她，他的文学世界会始终缺一个角；如果没有她，他真实的世界便会少了一片天空。

马尔克斯和妻子如此浪漫，得益于两个人的情商都很高。有时候，我觉得爱可以体现在很细微的表情上，只有双方都愿意照顾彼此的情绪时，才能有好的故事发生。不然，情感的世界都是漏洞。

高质量的感情，就像《还是要相信》那本书所写的那样——相爱，就是两个人以最大的热情、最大的努力，去爱着对方。轮流低到尘埃、轮流不讲道理、轮流向对方道歉、轮流意气风发、轮流害怕失去，不知不觉走完这一生。

03

看完电视节目《再见爱人》，真心觉得现在的情感节目越来越好看了。节目嘉宾之间的互动越来越多，不再局限于情感，也不再那么生硬，多了几分自然情绪的流动。阿哲看完后，一直分享他的感受，他为嘉宾伤过的心、落过的泪而共情，并认为这是年度最好看的情感节目。

我问他，为什么觉得好看且精彩？他说，因为充分尊重了嘉宾的真实情绪。

真实的情绪反应比情感更好看，情绪意味着自由，更不被控制，意味着感性的力量。情感就要收敛许多，里面有几分理性的意味，更有几分智慧的感觉。

看完这个节目，我也认真地审视和思考了自己的婚姻，意识到，我之前和家人的沟通，也存在严重的问题，但其实是自己把太多的时间和耐心放在了工作上，反而对家人少了许多耐心。我努力地朝着自己的目标往前走，忽略了许多风景，也忽视了身边人的需求。

当我慢下来，步伐、心态都慢下来，就在那么一瞬间，世界开始不一样了。

我发现所谓的别人，也是和我们一样的人。和我们一样有柔软的心，需要真情、温暖、被珍惜与被帮助。这是人的平等性。不去恶意猜测他人，也不把自己不喜欢的方式或感受给予他人，学会尊重，并进行有效的交流。

而这也是高情商的另一种体现。

04

工作中的高情商也是如此。我记得之前做配饰设计师，去给甲方汇报材料时，我们都会装饰PPT，尽力地表现自己以拿下项目。于是，各家把所有的力量都集中在了如何制作精美的PPT上。最后，我们每天熬夜工作，凭借出色的PPT展示以及总监卓越的口才，成功地拿下了项目。

大家都很开心。记得甲方还赞美过我们的两个总监情商高、口才好。但接下来要做的那个项目，却非常耗费心思。设计总监一直说，这次竞标成功，怎么像是我们挖坑埋自己。另一个总监说，当时我们探讨过这个问题，这个项目的确超出我们的实力太多。有挑战的项目可以让人进步，但这个进步的过程注定要让人费力、慌张，甚至是沮丧。

真的，不见得暂时的出众，就是高情商的表现。

高情商是一种自知之明。懂得衡量自己能做什么，不能做什么。要抛弃什么，要紧握什么。如果我们想要的已经超出自己的能力范畴，那么强硬地去得到，注定会失去。因为想要的念头太强大，太强大的念力，其实很脆弱。

如果这个时候我们的情商和心力，无法控制此时的念力，那注定是要失败的。因为能够比较安稳地、长久地、愉悦地陪伴我们的东西，多半是自己能掌控的。

我不想过
“差一点儿”的人生

01

2020年的冬天，我被邀请去北京参加了一个“短视频达人”的培训，整个培训是封闭式的，节奏很快，异常精彩，我收获良多。最后有个达人分享环节，让我耳目一新，备受触动。

一个达人说自己做视频和直播的时间，只有短短三四个月，她和老公拍了六十多个视频，做了一百场直播。最辛苦的一天，他们直播了十一个小时，售卖了一千多套书。她说自己目前还在职，在一个公司做人事，也没有想过要放弃自己的工作，全职做直播。她以后也不会全职做直播，目前还在尝试、摸索怎样做得更好。

虽然很多人说，靠卖书赚不了什么钱，但她和先生坚持了半年不到的时间，居然赚了两百多万。这真的是一个令她欣喜万分的成绩，刷新了她的认知，让她看到了自己诸多的可能性。

分享到这里，主办方的老师立刻给她定了新目标：明年，赚一栋别墅！

听到这里，我有些想落泪。这个女孩被这个平台邀请做视频和直播的时间，其实和我差不多。仔细看之前的数据，我们俩的相差无几，我好像是差一点儿坚持、差一点儿行动力，就能成功。为此，我追悔莫及。

02

培训结束后，在北京回上海的高铁上，我却想通了这件事。表面上，我们和别人相差的只是一点点，真相却是相差万里。有时，你败给自己的，不仅仅是坚持，还有眼界、见识，以及对事物本质的认识。坚持，是对意志力的考验，而不享乐其中，也难以坚持。

再看看身边，经常会有人说，我差一点儿就考上大学了，我差一点儿就能和某人结婚，我差一点儿就能拿下那个项目。好像差的是这一点儿，其实差的是运气，是命运对自己的辜负。但命运是自己选择的。所谓的差一点儿的结果，也是自己妥协后想要的人生。

自从做了人物采访系列，我开始和各种各样的人打交道。我投身其中，乐在其中。但和人打交道的过程，也最能看清楚自己究竟差在哪一步。

一次，我本有机会可以邮件采访一位自己特别喜欢的作家，对方要求我在周三把提纲给她的编辑，我却拖延了一天才提交。结果是，对方不再理睬我。

我不无遗憾地对同事说，我差一点儿就可以采访到她，我是多么喜欢她。

同事却笑我并不够喜欢那位作家，如果真的是喜爱，自然会重视彼此之间约定的时间点。

我还在为没有采访到她，而备感遗憾，却没有反思，是自己的失误让自己只差一步，而往往这一步，决定了整件事情的成败。从头到尾，每个细节都不能错，“差之毫厘，谬以千里”的教训，古人早已告知。但毫厘之难，高低立见。

那天看《北野武的小酒馆》，看到北野武写道：“无聊的人生，我死也不要，宁愿辛苦，我也要选择去过滚烫的人生。”我真的特别喜欢这句话，更喜欢北野武的人生态度。之前学习他的电影，老师说，一帧帧地看他的电影，发现每一帧镜头都很美。在这个都很美的结果中，其实是他对自己无数次苛刻的要求。

而滚烫的人生，我的理解是，宁愿踮起脚尖，累一点儿前行，也不要后退，不要缩回舒适圈内。就像最近特别流行的一个词，叫内卷型成长。如果一个人只愿意在舒适区内成长，他的认知能力就会向里生长，慢慢地演变成了一个往里缩，而不愿往外探索的人。

03

从一开始差一点儿，到后来的差很多，是一个过程。在这个过程中，我们无数次放弃自己的底线，允许自己去接受差一点儿的结果。最后，就会过上委屈且无力改变的生活。

因此，在自己的能力范围内，真的不要接受差一点儿的安排、差一点儿的生活，以及差一点儿的结果。总要奋力去挣脱、去改变，去与生活较量上几番后，再去接受、去妥协。

总有人问我，成年后再回想读书时的遗憾是什么呢？应该是从未狠狠地要求过自己。虽然也定过很多目标，也认识到了实现它们的重要性，但每次未完成的时候，内心都会习惯性地原谅自己，说"算了吧"，也会宽容地原谅别人，说"算了吧"。假装自己是老好人，总是在该讲原则的时候放弃自己，久而久之，好像养成了一个习惯，无法严格要求自己，更无法严格要求别人。

那个时候不知道这是纵容，是从一开始就愿意向命运妥协的行动。

而此刻，我把这真相写出来，并愿意打碎从前的妥协。我想去走更难却能收获更多的路，哪怕有很多考验、坎坷，哪怕再也无法回到最初的平静，我也不愿再对差一点儿的结果说，好吧，我愿意接受。

幼稚的人谈喜欢，成熟的人谈责任

01

又到毕业时，看了一眼数据，几百万应届毕业生即将涌向社会。当然，我们公司也需要招聘人才，我也跟随着招聘团队去了大学。

我看到每个想加入我们团队的人，都会仰起那年轻的脸庞，带着某种期待、某种憧憬说："我喜欢读书，你们读书会比较适合我。""我一想到每天可以读书，读很多文字，就觉得自己很享受这份工作。""啊，你们还要求会写，那我太适合了，我从小就喜欢写作。"

每次看到这样的年轻人，我都会小心翼翼地继续问："如果有一天你发现这份工作不是你想象的那样，没有最初那份喜欢了，你会怎么办呢？"

同事们开始提醒我，都觉得我这个问题如同鸡肋，不喜欢了，就辞职呗！世界那么大，有趣的事情那么多。现在喜欢也不代表未来会喜欢。现在的职场，现在的年轻人，换工作是一件无比简单的事情。

我对此持有悲观的看法。毕竟有些事情，不喜欢，也要硬着头皮干完它。毕竟实质性的工作，是烦琐的、细碎的，到了后面，喜欢的层面很浅，更多的是需要责任心去要求自己做完。毕竟，人不能总换掉不喜欢的人，以及不喜欢的工作。

我们公司有个实习生，跟着团队写作了三四个月。最初，她雀跃得像只小鸟，特别卖力，每天埋头苦干，搜集资料，根据建议反复修改。她也是飞速地进步，你能感受到她写作能力节节高的喜悦。写作是有瓶颈期的，需要达到一个阈值。

真没有想到，仅仅三个月，她对写作的热情就被耗尽了。她告诉我，再往下写，就是重复，重复是毫无意义的。然后，她提出了辞职，理由是不想在喜欢的事情上赚钱。一旦拿喜欢的事情去赚钱，就会失去初心。

我一开始的建议是，再坚持两个月。后来我看她倔强得厉害，只好说："按照你的想法去做吧，但一定要明白重复去做一件事，才是最深的喜欢。在这个过程中，你会得到积累、磨炼以及成长。这就是最好的回报。还有，如果喜欢的事情你都无法坚持许久，没有做到极致，怎样把不喜欢的事情做好呢？"

她说："其实我很迷茫。自己也不知道是否还喜欢眼前的工作，只是我现在已经有抵触心理了。"这真的可能是很多人迷茫的源点，做着做着，就忘记了初心，越来越在意情绪，责任与坚持早已被搁置起来。

02

这也让我想起《十三邀》的一期节目，许知远问木村拓哉：你有没有特别想扮演的角色呢？

木村回答：那是一个专业团队无数人的努力，我没有选择的权利。

还有一期，李诞问许知远为什么要做访谈节目。

许知远回答说，我得赚钱啊！养书店，我没办法的。

光鲜亮丽的背后，是责任和坚持，是你不得不去做的妥协。很多事情，你必须去做，而且要做好。哪怕你不喜欢，哪怕你排斥。

喜欢是什么？我的理解，喜欢代表了一种情绪。在某一个短暂的瞬间，你被一样东西所吸引，共情，但长久地相处，会让你认识到它背后的社会关系和复杂构成，以及你要为喜欢所付出的代价。

03

我的编辑上周说，我做图书编辑整整十五年了，我太累了。

在她没有跟我倾诉之前，我一直以为她是很轻松的工作状态，至少时间很自由。我给她的建议是赶紧去休息一段时间。她说目前还是做不到，一旦请假，就很担心自己所负责的书会出问题。没上市之前，每一个细节都得把控好。自从做了图书编辑，内心会经常很紧张，这种紧张，是责任、是细致，也是长久的喜欢。

我甚至觉得只有在一个行业里待得足够久，付出得足够多，才敢谈喜欢。在普通的人生里，谁都想做一个闪闪发光的人，但我相信发光的背后是辛苦，也是磨难。不可避免的是，更多的人有一种误解，认为喜欢的事情是轻松的，却没有想过，即使是喜欢一个人，也会遇见种种磨合、怀疑或否定。

就像我年少时学绘画，十多岁时，坐在画室里一画就是一整天，在这个过程中，拥有了耐心，学会了沉浸，学会了思考，也懂得了分辨。因此，我认为，没有长时间为一个人、一件事情付出过，就没有资格说喜欢。

人生实苦，喜欢也无法让苦难变得容易。但我深知，只有坚持画下去，我才能实现梦想，考上理想的大学，我想获得的是成就感。它比喜欢更让我动心，那个不断坚持的过程，我认为是信念，它比喜欢要高级得多。

毛姆说："为了心灵的安宁，人最好每天做两件自己不喜欢的事。"因此，在最初选择工作的时候，我倒是非常建议，我们每个人都可以拿出时间和精力，去挑战、去接触，去尝试做一些自己不喜欢的工作，去跟一些看起来不那么友善的人交流。

去做不喜欢的事情的过程，会清楚地告诉你，什么才是你能恒久坚持的事情，也会让你分清楚什么是真正的喜欢。

生命总有遗憾，你要勇敢向前

01

一个读者考研三年未果，最近又失恋。她很伤心，问我，怎样让难过少一些，放下一些东西。这是一个很难的问题。因为人在特别痛苦、迷茫的时候，是看不到所拥有的东西的，甚至没有勇气敢相信自己一直是幸运的人。

我推荐每一个因失去而难过的人，去看看皮克斯动画工作室的电影。

《寻梦环游记》告诉我们，死亡不是永别，被生者忘记才是生命的终点。

《1/2的魔法》又给了我新的启发——除了怀念那些失去的人，我们更要好好珍惜陪伴在身边的眼前人，你身边的每个当下，都是生命最好的馈赠。如果现在不尽力去爱，肯定会有追悔莫及的那一天。

02

《1/2的魔法》原名是*Onward*，意为向前走，向前看。我从影片第五分钟的时候就流下热泪，一直看到结尾，也没有停止眼泪。故事真的荒唐，但也真的非常温暖。

主角伊恩是个特别胆小的中学生，在学校被后桌欺负，自卑到没有朋友可邀请来参加自己的生日聚会。伊恩的哥哥看似高大威猛，却经常开着一辆“暴风女王”，四处闯祸，被周围的人认定长大后会一事无成。

这多么像我们每个普通人的日常，被生活欺负，被他人否定。自己最期待的事情，也看似根本无法完成。在这样令人沮丧的现实面前，伊恩的心愿是去见一面从未见过的父亲。幸运的是，他掌握了父亲生前就懂得的魔法，可以将父亲复活一天。可是，他们只成功地复原了父亲的下半身。为了见到完整的父亲，兄弟俩带着他一半的身体，踏上了限时24小时的魔法冒险。

很喜欢“1/2的魔法”这个翻译，它就像我们真实的人生一样：永远一半圆满，一半遗憾；一半向前，一半后退；一半勇气，一半懦弱。

伊恩在前行的路上，写下了自己的心愿清单：日落之前，陪父亲一起大笑，一起讨论人生，让父亲教会自己开车，等等。为了能见父亲一面，冒险就很有意义。为完成目标，他早已不是母亲口中那个什么都害怕的男孩，他学咒语，去战斗，也敢在高速公路上并线。

他那么勇敢地完成了这一切。

在那个日落时刻，仅有一次可以见到父亲的机会，他却让给了哥哥，这也意味着他此生再无可能去见父亲一面。除此之外，他还要与恶龙相斗。落日下，哥哥在最后的时刻终于拥抱了父亲，实现了心愿，不再有遗憾。伊恩终于打败了恶龙，隔着石头的缝隙看到了这一幕，顿时明白，自己那个冒失鬼哥哥才是他这一生最想一直拥有的温暖。

虽然成长过程中，父爱的缺失，让伊恩唯唯诺诺，没有自信，但这一夜的冒险之旅，让他长大了。他明白，那1/2的魔法、1/2的冒险、1/2的父亲，都是完整的哥哥带给他的。他所有的心愿清单，比如大笑、讨论人生、学会开车，其实在哥哥的陪伴下，早已完成了，甚至早已超出自己的期待。

他终于明白失去的一切固然可贵，可它远远敌不过眼前人的生动。生命真的太美好，馈赠远远多于我们的期待。原来，父亲在他十六岁生日这天送给他的礼物，不是相见，而是成长；不是遗憾，而是看见。成长和看见，都是一种能力。

这也是让我觉得影片可贵的地方，它没有强硬地让结局圆满。弟弟伊恩还是没有真正看到完整的父亲，他依然有遗憾，有缺口，但也有领悟和幸福。这像极了我们每个普通人的一生，始终有遗憾，但也始终圆满。因为看待事物的角度不同，遗憾与圆满也有了不同的位置。

哥哥终于在日落时刻看到了父亲，但我相信他也会因此更爱弟弟。这个看似冒失的大男孩，比任何人都执着地相信魔法的存在。但同时他也明白，魔法，其实就是爱，亲人之间无条件的爱与付出。是这些人性的闪光点，让生命可爱、可贵。没有这些，人生一片荒芜。

03

有一些生命的遗憾，人总要学着去接受。哪怕你还是个孩子。

有一些念念不忘的心愿，有人早已在不知不觉中陪你完成了。

有一些超出自己能力的事情，其实也有实现的途径。念念不忘，必有回响。没有不可逾越的冬天，也不存在不可攀登的雪山。

如果真的只看眼前的结果，此时的努力无法给我们一个具体的答案，但要明白，此时迂回的路，艰难的选择，是为了成全此后的路。你在秋天种下的樱花，第二年的春天才会怒放。

如果此时没有考取心仪的大学，没有得到合适的工作机会，恋人没有出现，梦想一片狼藉，身边的一切都在逼你长大，你却还没有做好足够的准备。没关系，人生不会等你做好准备后再出发。勇敢往前走，即使只有一半的勇气、一半的坚持，以及一半的信心。

第六章

我想学会与世界和平相处

后来，我才明白，自己最想获得的能力，
是了解自己的能力。是自己与自己和平相处的能力。
只有自洽，我们才能与这个世界和平相处。
唯有对自己完全了解，我们才可以发现自我、
找到自我，并去完美地实现自我。
而一个不了解自己的人，会莫名其妙地感到孤独，
缺乏安全感，怀疑整个世界。

怎样说再见
才能不留遗憾

01

有人邀请我回答问题：为什么朋友总是突然就消失了，来不及说再见？还有一个问题是：有没有让我难忘的友情？

肯定有。记忆最深的应该是“法海”。我有段时间特别失意，是“法海”每天都给我发鸡汤段子，或搞笑的段子。我经常写好文章，就发给他看，他一定会给我反馈，告诉我读到哪里他最燃，读到哪里他“丧”到不想再读。

我们是有时差的，他在美国给一个农庄打工，他经常给我讲他的工作，现在他们的农庄种植的哈密瓜，甜度是七十二，可以用一个很精确的仪器测出来。他特别喜欢给我讲过往求学或恋爱的经历。

“法海”拼命地喜欢过一个女孩，从初中到高中，从高中到大学。但他现在已经忘记了她的名字。他高中读了四年，才勉强考上山东的一个二本学校。毕业后，穷困潦倒的他出奇地想移民，可他太穷了，穷到只能一边收旧书一边供自己读书，但在那么困难的情况下，他还是读到了博士。毕业后，他被公司外派到了国外。终于如愿。

我问他，实现梦想的感觉好吗？

他回答：“实现梦想的过程更好，带着一种希望。实现后，就特别孤独。我现在每天在这片土地上喷洒农药，已经学会了看蚂蚁，跟哈密瓜较劲。”

一日，他给我留言，说自己做了一个梦，梦里下着雪，雪幕中藏着他喜欢的女孩，女孩的模样模糊，梦也模糊。他好像重新拥有了一次靠近她的机会，却还是没有行动。醒来后，他对我说，以后他想让我以他的经历写一个故事，故事的名字就是他醒来的时候想到的五个字——去年今又冬。

我只记得他有一颗特别柔软的心，很容易相信别人。最后一次交谈，他与我通话，说是对一个女孩念念不忘，被她欺骗了感情、钱，然后，她消失了。他因此很受伤，特别痛苦，但不需要安慰，只是提醒我以后与人交往、交流，都要小心。我当时正着急赶高铁去演讲，没有及时回复他的消息。

再后来，我前往上海，终于在安顿好后的一个下午，突然想起要告诉他一声，自己已安妥，并来安慰他时，却发现信息已发不出去，显示对方已将我删除。而我，也没有勇气再加他。我的好朋友，就这样消失在了我的生活中。

有人说，我需要你的那一刻，你没有出现，那么你就真的不必再出现了。可能在他最需要我陪伴的时候，我没有及时出现。而在我落寞的时刻，他是那个陪着我的心灵一起跳舞的人。我还未来得及写他的故事，他已消失在我生命里的某个冬天。假如际遇再次让我们相逢，我一定会好好珍惜这段友情，完整地写下他的故事——去年今又冬。

02

记忆最深刻的走散的朋友，还有禾子。

我们曾一起泡在咖啡馆写影评，周末的时候相约去吃重庆小面，去中央美术学院看云朵，挤在出租屋的一张床上共用一副耳机听故事。我为了帮她攒钱去韩国留学，留她在我家住了很长一段时间。那时，我一直觉得她是和我很像的女孩，或者是另一个我，可能是因为我们来自同一个城市，有着相同的成长经历，以及对美的向往。

她亲切地称呼我为闺蜜。并对我说，等我结婚时，她想申请给我当伴娘，穿那种芭比娃娃才会穿的粉纱裙，美艳全场。她还要申请和我一起做同样的梦。她申请要为我做的事情有点儿多，我总以为会实现一二。可后来，连一件事情也没有完成，我们就走散了。

走散的原因很简单，我们签约了一套书，但这对当时的我们来说，想完成有些难度。中途，她要前往韩国留学，编辑找我催稿，我那天恰好出差，在高铁上回答："我和她现在沟通都不太方便，完成这套书会比较难，但我会尽力完成，不要催太狠，老师。"

之后，禾子来找我，告诉我，编辑跟她说我们要解约这套书，因为会完不成。她不喜欢自暴自弃的人，也不会再理我。

我沉默良久，没有争辩。我有一个致命弱点，每当和他人有了误会、矛盾，我就想缩在角落里，等待对方悟出来我不可能有意伤害她，由此错过了更多的可解释的机会。

可能朋友总有一天，是要说再见的。有时就像是这样突然间的误会，有时是埋着头走了很久的路走散了。不是友情太脆弱，也不是我们太善变，是那个叫作时光的东西，它闪闪发亮，过于耀眼，帮我们记住了最重要的，隐藏了最为寻常的事物。

03

这次搬家，我找到了从前的手机，看到了至少是五年前的一些照片和聊天信息，由此打开了我记忆的大门。我一边看一边感慨，有时想痛哭一场，有时捧腹大笑。让人难过的是，我曾与一些朋友信誓旦旦地说要一起去做的事情，要一起去实现的梦想，五年后的今天并没有实现。

更可悲的是，由于一些朋友的微信名字换来换去，我几乎忘记了一些人的存在以及他们真实的姓名。我们在一起吃过的美食，一起去旅行的地方，在多年后的今天看来，有些恍惚，我不止一次地发出疑问——这些事情真的发生过吗？这些人真的与我同行过吗？

也许，残忍的不是记忆，不是时间，不是过去，而是自己。随着成长，每长大一岁，时间的维度便被拓宽了三百六十五天，可记忆有自己的容量与空间。有一些人加入到了我们的生命中，有一些人自然就要离开。加入与离开，让说再见这件事，变得更为残酷。有些人，有些事，不必说再见，也会自然如水滴般消融在大海中；有些人，有些事，来不及说再见，就已消失在人海。

现在的自己挺害怕“一生一世”这四个字。许多事情都是不确定的，如果徒劳地给不确定的人生加一个束缚，记忆也会背叛自己。

人生有太多的不可控，说再见也变成了一件容易且寻常的事情。可能最不留遗憾的说再见的方式，是在拥有的时候就加倍珍惜，用尽忠诚与认真。

要怎样才能看起来很不一般

01

知乎上有个热点问题：如何让平淡无奇的自己看起来很不一般。一个高赞的回答只有两个字：靠谱。

如果这个答案早些年我看到，并不会特别认同。年轻时，谁不希望自己独立又特别？我会觉得漂亮、个性、有气场、聪明等特质，会更吸引人。工作多年后，越来越觉得，人生路上，成为一个靠谱的人，才是最有魅力以及最了不起的。

靠谱意味着值得信赖、值得期待、值得投入。想要成为靠谱的人，也没那么容易，我们要做到真诚、守时、专业、敬业，还要有实力，有能力，行动力强，情绪稳定，等等。靠谱，它其实是一个人综合能力的体现。

当然，如果你要问我，靠谱的核心是什么，我想所有的特质都指向两点——利他，以及是否让人信赖。

02

过去的一年，对我来说很辛苦，但收获也特别多。这一年，我采访了很多优秀的作家、企业家、学者。最初我要去做这个栏目，真的挺难的，靠近这些人需要机会，除此，还要把采访大纲写到令对方有交谈的欲望。

为了采访第一个人物，一个实力演员，我查了很多的资料，才写好了采访提纲。据说要采访的媒体特别多，我怀着忐忑不安的心情上交了提纲。未承想，我的采访提纲通过了。我顺利地采访到了她，整个过程的谈话，都很顺畅。当然，这也得益于她的善意、随和。

她的助理提前告诉我，到了四点要结束，还有下一家媒体要采访。到了四点，我准时收了场。走的时候，她的助理拿出来一盒玫瑰花饼给我，说："谢谢你准时，且没有强行问我们要求不问的问题。"助理觉得我很靠谱，以后有采访或线下活动，还可以继续合作。这句话让当时的我特别感动、激动。走出门，我兴奋得蹦了起来。

03

之后的每一次采访，我都会用心地搜寻资料，并把采访提纲的问题尽最大能力写到最好。我逐渐发现，资料的搜寻只是一部分，还要去理解被采访者，理解他所认知的世界。虽然现在，大家都好像更愿意看那种特别刁钻的采访，但我相信，如果被采访的人不舒服，所谓的交流也就没了温度，少了几许温情。

陆陆续续，我采访了很多人，不管多么挑剔的被采访者，我们都交流甚欢。一年采访下来，我收获颇丰，也是做这件事情的最大受益者。现在，我突然觉得自己好像充满了勇气、自信、底气，这个感觉，源于我和团队会在采访前把每个细节都做到最好。一路走到现在，总会有出版社或明星团队来主动地约我们去采访。这个结果，真的让我备感欣喜。

后来听人物写作的课程，听到那节“怎样才能让被采访者愿意和我交流呢？”那个老师回答得特别好——首先你所有问题的出发点是为对方着想，还有你本身对生活朴素的热爱，以及细节的准备比较充分。为人靠谱、让人信赖，别人自然愿意与你交流。

可如何做到靠谱呢？我想答案一定是：事事有交代，件件有着落，次次有回音。当你的心中不再只装着自己，会从全局来考虑整件事情的来龙去脉时，才会拥有真正的智慧。

04

我采访过一个设计师，也是作家——宁远。她住在成都的远郊村落。她的团队的人都是儿时的伙伴和亲戚，他们看起来朴实无华，却设计了一件件舒服、时尚的衣裳。由于设计的东西很美，也很实用，很多商家抄袭。宁远说，没关系，去抄吧，款式可以抄，风格谁也带不走，温度只能我们给。

我问她，你想做一个什么样的人？

她说，做一个老实人，实诚、坦诚、认真。认真地过每一天，认真地做衣服，认真地和身边的人交流，就会产生能量，也会传播能量。

我备受触动。这在我看来，就是一个靠谱的成年人该有的思维。只需要安安静静地努力，做自己，利人就是利己。不抢风头，也能迎来风。大多数时候，我们都太着急确定，确定自己获利，确定一件事要有结果，才会有纠结的情绪。而真正投入做事的人，不会恐慌。

年轻时，我的心太野了，总想成为不一样的人，想改变世界，想成为不一样的烟火。直到现在，我才逐渐明白，能成为一个靠谱的人，脚踏实地走好脚下的路，就会拥有不一样的人生。

靠谱，会为你带来不一般的风景和人生啊！而那个闪烁着星光的世界究竟是怎样的？我想答案一定是，当你真诚、真实、真心，又自然时，所有的人都会在你面前温柔且值得信赖。

别丢了出发时的那股敢要的勇气

01

我加入了一个群，群名叫“那些变现百万的女性的生死探索”，里面邀请了几位优秀的女性创业者，在群里做分享。其中一个不惑之年的女人分享的故事，特别动人。

她做过的最勇敢的事情，是在二十五岁的时候，英语只有四级的她，为了挑战自己，也为了未来更好的生活，从银行辞职，独自前往加拿大留学，并最终在那里扎根。中间的经历辛苦异常，但她真的靠自己的能量实现了这一切。一路走来，最令她动容的，是母亲对她的鼓励。

她的脸上天生有一块很明显的红印，小时候她不觉得自己与其他人有什么不同。当她开始读书、懂得美丑的时候，突然对脸上这块红印很自卑。她不敢上学、不愿见人，怕同学们嘲笑她。

母亲见状，把她带到镜子面前，让她看着镜子里的自己，说，上天亲吻过你，所以才留了这个红印。你要想想它留给你的其他东西，也很珍贵。你看你的眼睛忽闪忽闪，你的嘴唇像一颗樱桃。你要勇敢地面对任何人给你的非议。

听完母亲的话，她开心地去上学了。面对异样的眼神，她也会勇敢地直视对方。成长的路上，一直有母亲的鼓励，因此她格外勇敢、自信。是母亲让她认识到，任何人都是不完美的，但永远有另一面的美好也属于她。

令人悲伤的是，在她二十五岁那一年，母亲去世了，她的世界也碎了。母亲临走时，对她说，你要一直靠自己，你是有天赋的女孩，不要辜负自己的能力。如果不喜欢眼前的工作，要自己想着去改变，不要怨天尤人，更不要自怨自艾。

于是，她毅然决定要改变一次命运。母亲去世后的第二个月，她就辞职，并前往加拿大留学。感谢命运为她开了第二扇大门。虽然有点儿难，但她挑战成功了。她更是对自己充满信心，认为未来她会拥抱无数可能性。除了帮助自己，她也会帮助其他人，比如把自己收入的一部分，无偿地捐给那些需要帮助的女孩，助力她们的成长。

我看她分享的视频，她穿着红色的裙装，在沙漠里笑得灿烂，真的是发自内心地敬佩她的果敢、真实、自信。她早已从自卑的需要人鼓励的小女孩，长成了可以给予他人精神和物质力量的大女人。这一切，源于母亲的鼓励，更源于她内心力量的滋长。

02

人最美的姿态，就是可以勇敢去要，也可以甘心放下，可以给予，也可以转身。这让我想起作家张德芬说过的一句话：敢要，就是最可贵的勇气。

2020年夏天的一个下午，我电话采访了张德芬老师。她在台湾，我在上海。我们通过电话来沟通，这种感觉很奇妙。自己喜欢了很多年的一个作家，兜兜转转，在某个时间点，终于遇见。而我越加相信，所谓遇见的缘分，其实是自我努力之后的进阶，才能连接到那些比自己更优秀的人。

我问张德芬老师，一个人什么情况下成长得最快？

她回答，敢要东西的人，要比不敢要的人过得好。那些非常敢要的人，虽然可能让你敬而远之，可是他们的生活通常都过得不错，也很有动力。因为敢要那件东西，就代表着我们要去实现，会有压力，也会面临挑战。

一个人放下自尊去恳求一个人留下、祈求一样东西时，往往会适得其反。因此，永远不要放低自己的姿态，而要默默地努力把自己炼成金子，在某个时刻闪闪发光。

我更相信那句话，如果自己的价值提升了，被满足的可能性就会更大。因为，提升的路上，他不再需要别人来证明自己。他更多的是想给予他人。因为人是有内在资源的，正向的内在资源转化成为一种正能量，让我们勇敢、向前。

03

一位拍纪录片的导演说，每次开始拍一部纪录片的时候，内心的感觉就像是站在悬崖上面，脱光了衣服，然后跳下去，自由落体，把自己投向了万丈深渊。

他坚信自己会在摔得粉身碎骨前，生长出新的翅膀，继续翱翔在天空之上。因此，他能坚持勇敢。

而我更相信，他内在的这股力量，源自他内在能量的充足。正是因为这股力量，我们才能区分自我和他人、想象与现实、可贵与可舍。

就是这股敢跳下去的勇气，让我们认识到自己是谁，哪些才是自己要奋力抓住的机遇。而那些不敢往前迈步的时刻，恰恰是因为自己不够自信，没有那么想要。当我们否定自己时，内心多半也不会涌动正向的力量。

期待，不管过去的你我经历过什么，我们都能勇敢地探索内心更多维度的力量，都有自信去面对自己的不完美，也能甘心舍弃人生多余的行李。

孤独，是我们认识自己最好的机会

01

一个之前的同事想从北京来上海闯一闯，开启一段崭新的生活，忘记自己在北京受的伤。她想咨询一下我的意见，毕竟我曾经真的从北京只身一人来到了上海。

我问她："你之所以不敢换城市，最怕什么？"

她说："我之所以不敢去上海，是怕孤独。"

从表面上看，人人都怕孤独，其实根本原因是，我们都怕承担结果。一个人去做一件事，去爱一个人，都要有一些定力才好。而这股定力，一定是孤独给的。

02

读书的时候，我特别喜欢热闹。喜欢到什么程度呢？如果一个人待在宿舍，就会胡思乱想到落泪。我喜欢一群人在身边围绕的感觉，会觉得很温暖。吃饭、上自习、去实习，都期待有人陪伴着我。那个时候，我一直被批评没有主见。

大二那年，我没有回家过暑假。放假后，同学们都欢天喜地地回家了，空荡荡的走廊告诉我，我真的要一个人过两个多月的暑假了。我一个人待在宿舍，想来想去，不如把自己想去做的事情写下来。

我那时比较胖，胖得夸张，胖到不太自信。我那个时候想写作，但学业很重，又拿不出时间去写。我还想去游泳，还想读十本书……一不小心，我写了一页。写完后，我想的是，那就去做吧。

我上午去了图书馆，下午报了游泳班，晚上开始写作，时间被安排得满满当当，毫无缝隙。恰好我还看到了电视台的少儿频道在招聘志愿者，我立刻报了名，每天白天还要跑过去给少儿频道的主持人处理一些杂事。

我沉浸在自己的计划和努力中，每天做完一件事就记录一下。前所未有的充实感让我觉得很快乐。我本来是胆子很小的女孩，不敢一个人过黑夜，还害怕孤独，不愿一个人待着。但是经过那个暑假的磨炼，我喜欢上了安静的独处。

我突然发现，我们不是在与人接触中成长的，在与人交往中产生的刺激，必须在内部消化，与自己的价值观和意识相互碰撞，从而调整自己，找到适合自己的言行，这个过程，才是成长。毕竟真正重要的东西，只能独自一人去寻找。

那年大二暑假的生活，对我的影响深远，因为它填补了我认知上的漏洞。我之前总认为一个女孩根本无法单独完成一件事，特别希望有人陪同我。而现在自己却莫名多了许多自信，觉得我一个人就是一支队伍。后来人生路上的许多决定，我几乎很少与人商量。

我去北京电影学院考研，而后又留在北京工作了十年，努力地写作、讲课，买了房刚要安定下来，又义无反顾地为了爱情，放弃了一切，来到上海。我好像一个人一直奔跑在一条赛道上。在那条长长的赛道上，只有我一个人和我的目标。但我并不曾怕过什么。

我真的是信心满满吗？也没有。我真的是特别笃定吗？也不是。

电影《花木兰》里有句台词说，当人恐惧的时候，就会勇敢。我却认为，需要达成的心愿，忍受孤独的定力，才会让人更有勇气。

大二那年暑假，我在电视台做志愿者，因为表现比较好，主持人给我介绍了家教工作，后来每个周末我都会去两个孩子家里，教他们画画。通过孩子父母的介绍，我又去了广告公司实习，包括后来被介绍到北京的家装公司做设计师。这些事情的源头，其实是那年暑假我敢在孤独的时刻去尝试。

但很多人不愿迈出那一步，多半是对自己信心不足，对一个人去做一件事充满恐慌。于是，便会在行动上打转。而决定人生方向的时刻，恰恰是深刻挖掘自己重视什么的阶段。

内省不足的人，很容易将风险过度放大，我们永远无法意识到自己在无意识中错过了多少机会。无论外面的世界多么喧闹，一定要记住，认识自己和快速成长，一定是孤独给的。

03

春夏给我讲过她的经历。每到冬天，她特别喜欢跟朋友们聚会，而且是随叫随到，谁让她喝酒她都会一杯见底。孤独，她真的是很孤独，且想融入那群朋友中，让那个群体接纳自己，让自己在上海看上去有许多朋友。那个群体里的男人，都多金且优秀，至少都比春夏厉害，她想最后能混到个男朋友也算是有收获。

一次，大家都喝多了，其中一个男孩也喝醉了。大家坐在一起，男孩突然对春夏说："春夏，其实你一切都蛮好的，漂亮，有趣，也有才华，但你就是太穷了。不然，我就会追你的。"

这句话让喝多了的春夏立刻清醒，她突然之间发现，自己和这群朋友格格不入。她回到家中反思了自己，重新复盘了自己的生活、工作，列了新的规划，写了新的期望。

从此，春夏再也没有跟那群朋友聚餐、熬夜，而是满血复活地投入自己的人生中。当一个人把所有的精力都用在自我的成长上，她所获得的能量是无限大的。

我们在喧闹中失去的，也一定会在孤独中重新得到。许多很了不起的事情都是你一个人完成的，当许多人围绕你，你的生命热闹又有人簇拥的时刻，你反而需要反思，哪些是虚假的繁荣，哪些是真诚的呼应。定时定期精简自己的欲望，轻装上阵，内心轻盈，步伐也会更明快。

即使辛苦，
也想拥有自己想要的人生

01

一口气读了三本小书，作者是上村松园，日本的一位天才女画家。读完后，我特意打电话告诉先生，我找到了自己想要做的事情，那就是去日本看上村松园的画展。

可能是因为和上村有着相同的年少学画的经历吧，读她的文字，我不止一次地感慨和羡慕她的才华，更为她的经历唏嘘。

02

上村的父亲在她出生前就过世了，母亲一个人在商业街卖茶为生，养活上村与大她四岁的姐姐。许多人都劝母亲改嫁，她却一一拒绝了。她担忧女儿跟着自己嫁人，会被怠慢，会受委屈。

上村说，自己的母亲身上有着一股超出常人的意志力，就是靠着这股力量，她把两个女儿培养得特别出色。尤其是上村，更是她的骄傲。

小学毕业后，上村恳求母亲让自己去学画画，身边的亲人朋友都反对，毕竟在明治时代，女性被认为只要学会端茶、倒水、做饭、缝衣就够了。母亲却选择了把卖茶赚来的钱都拿去供女儿学画画，她想让女儿活得自由随性一点儿。读到这里，我想起了我的父亲，当时也是全然不顾他人反对，把我送到了美院去学画画。

当时恰好为了振兴京都画坛，有一所绘画学校。学校里有一百多个男生，包括上村在内只有三个女生，后来两个女孩陆续退学，仅剩下上村一个女生。作为女性，想读书，想学画画，想靠绘画为生，她不仅要跑赢自己，还要与那个时代赛跑。

因为喜欢画画，上村选择了这条最辛苦的路。这个选择，就是北野武所说的那种滚烫的人生吧。我更相信每个选择滚烫的生活的人，其实都活得异常辛苦，又享受其间。

上村喜欢临摹名画，画了各种画，最喜欢画各色美丽的女人。画画时，她不用模特，都是自己在身边支起三面镜子，画少女时就穿少女的衣服，然后自己摆出各种姿势，不得已时只好用左手画画。这样画画真好，完全不用顾及他人的感受，一直画到心满意足。

03

好运终于降临到这位天才女画家的身上。十五岁时，上村画了《四季美人图》，被博物馆展出，获了一等奖，还被英国康诺特亲王殿下买下。自此，她少年成名，之后的每一年，她都会画许多画，被展览馆一年又一年地展出，一直到她七十四岁离世。

她的一生都在绘制“和风美人”。她只画美人，清晰地描绘她们的眉、眼、唇，她笔下的女人，色彩雅致、线条纤细，流淌着日本古典韵味的美。

旁人问她，是不是只要是美女就能激发她绘画的欲望。

她笑道，漂亮只是视觉层面的追求，自己真正渴望传达的是蕴含在女人内心的坚定力量。

所以，我一遍遍地看她所描画的美人眼，那一双双眼，好像充满眼泪，又好像对生活充满了无限的爱与深沉。我从这一双双泥眼中看懂了她。生活给了上村许多委屈和锤打，她毫无怨言地一一收下，经过她的用心修炼、耐心付出，她还给了世界愉悦、光明、爱。不屈于世事的艰难，始终有所向往。

04

上村十九岁时，商业街隔壁的一场大火，烧光了她家的杂货铺。那里有她辛苦临摹的参考画册，还有她的画、笔。这些东西对她来说，真的是千金不换。她穿着睡衣跑到街头，泪流满面，痛惜不已。母亲却说，至少这是别人给我们添的麻烦，而我们没有给其他人添麻烦，我们可以安心地睡了。上村虽然还是很痛心，但立刻被安慰了。

二十七岁那年，她未婚但是有了一个儿子，作为单身母亲，在那个时代，无论经历了怎样的流言蜚语，她也从不解释，只是全心地爱着他。

在上村的笔下，丝毫没有记录自己独自养育的艰辛、单亲妈妈的不愉快，反而满是与儿子松篁相处的幸福片段。所以，儿子追忆她时，才会说，母亲留给他最大的遗产，就是她始终勤奋努力的身影。

人活在这个世界上，就像一叶扁舟，航程中有风有雨。谢谢上村松园的文字与画，让我羡慕之余，又无比欣慰，能拯救自己的，果然只有自己，他人毕竟是无法依仗的。

总有人在过着我们想要的生活，哪怕是无比辛苦，她也在认认真真地走眼前的那条路。她深知，能把眼前的路走好，已是人生的赢家。

真正的独立是什么

01

放眼望去，好像整个社会都在鼓励女性独立，要成为更好的自己，去过更好的生活。这一群人中不乏女性自身。

仿佛一个女孩，你不独立，不去追寻更好的自我，就是一个失败的人，要给全世界道歉。

记得一次读书会线下活动，一个全职妈妈痛彻心扉地说，自己不该为了照顾孩子而辞职，失去了独立的资本。现在生活浑浑噩噩，怀念之前工作的时间。旁边立刻站出来几个所谓的过来人安慰并鼓励她：只要你从现在开始，重新去学习、去突破，走出舒适区，你慢慢就可以独立。还有人说，花别人的钱自然难受，只有自己赚到钱，才可能真正独立。

可人真的是一个矛盾体。女性即使没有回归家庭，她在职场也会遇见相似的问题，困扰她。除此之外，她若真的想更新自己，除了需要勇气，她更需要时间。时间宝贵，要么献给自己，要么献给孩子。这个选择题，又要重新摆在她的面前。

如果能够做到一边带孩子一边成长自我，双管齐下，且能做得完整完美的话，她应该不会痛苦到要跑到线下读书会来寻求答案。

女性的觉醒，不是意识到自己不够好，不是去发现生活更糟糕的一面，不是去怀疑自己的付出是否值得，而是她终于鼓足勇气，来面对生命中的一切，美好或糟糕。有能力去改变的，那就勇敢去改变；暂时无法改变的，就尽力让自己接受。

02

有一次，我想了解朋友姣姣的现状，点开她的朋友圈，突然发现她很久没有更新了。之前特别喜欢翻她的朋友圈，看她对生活日常的记录。每天发生了什么，好听的音乐，好看的展览，她都会在朋友圈晒晒。

现在空空如也的朋友圈，像是一扇封闭的大门，拒绝每一个前来的朋友，并明确地表示，内容仅三天可见。

后来了解到，姣姣和男朋友分手时，男朋友给出的分手理由是，她很幼稚，喜欢在朋友圈炫耀。他找她聊了许多次，最终的目的是期望她独立，充满智慧。因为，他喜欢这样的女性，不喜欢不成熟的、总爱展现自己的女孩。

姣姣怎样做，都不能令他满意，结果，姣姣只好分手，从此不再发朋友圈，变得小心翼翼，把自己的世界紧锁了起来。每次穿新衣服之前，都要把新衣服暴晒在阳台上一段时间，稍显陈旧，才会心安地穿出去。

我很心疼这样的女孩子。因为别人的一句话，一个建议，就完全改变了自己的生活方式和态度。女性的独立、智慧，可能首先就是要摆脱人云亦云，不把热情泯灭在这些细微的事情上。

当然，也不排除人到了一定的年纪，慢慢会不再喜欢发朋友圈。外面的一切无关紧要，自己的一切不再想展现。可如果真的如此，世界会遗失许多美好。人与人的连接在于日常、琐碎。如果没有这些细微的牵绊与展现，人很容易成为一个孤岛。

走出舒适圈，赚钱养活自己，是大多数人心中的独立。可这只是表层的独立，人还有更深层次的独立，那就是精神的独立。不管周围的世界如何变化，都要保护自己的初心，不被侵染，不被改变。星转物移，自然变迁，始终要提醒自己去做一个灵魂的觉醒者，而非人云亦云。

03

二十多岁的时候，读香奈儿，还没有这么深的感受，只是觉得她虽然活出了自我，但一生未婚，和很多人相爱过，且灵魂狂野，谁也无法掌控她。

随着年龄的增长，再读香奈儿，是发自内心地欣赏她。毕竟她解放了女性的衣着，而在这之前，女人们都穿着厚重的长裙，且不能穿黑色的衣服。是她设计了女人们可以穿的像男装一样的衣裳；是她给女人们做漂亮的礼帽，重新定义了时尚；是她创造的香奈儿五号香水，直到现在，依然是时尚界无法逾越的高山。

香奈儿出身贫苦，母亲在她十一岁时离世。被送到救济院后，她就在等父亲来接自己，最终没有等到。从此以后，香奈儿明白了，她只能靠自己来解救自己。

不过，她和年纪最小的姑姑阿德里安娜成为最好的朋友。这个女孩不仅美丽，而且善良、爱读书。阿德里安娜把自己读到的好的故事，都收藏了起来，订成了册子，送给香奈儿阅读。香奈儿读完，很是期待真正属于自己的爱情，也开始懂得如何分辨什么样的男人是适合自己的。

后来，她遇见了艾提安，这个男人让她衣食无忧，并过上了高级交际花的生活。这样的生活花天酒地，一开始，她很陶醉，后来看了一场话剧后，她清醒了。这个话剧就是小仲马的代表作《茶花女》，香奈儿突然觉得茶花女玛格丽特就是她自己，若只是做高级交际花，这样依靠男人，早晚会为此丢掉一切。

她开始读书，读很多书。她穿上艾提安的衣服，去骑马。她开始思考、成长，去过自己想要的生活。

香奈儿成了非常有名气的设计师，不仅设计礼帽，还设计衣服，当她最爱的男人卡柏去世后，她怀念自己在蔚蓝的海边等他的感觉，并把这种感觉做成了香奈儿五号香水。

无论香奈儿有怎样的人生际遇，她一直在坚持阅读，坚持学习。她很少有迷茫的时刻，因为她凡事都会尽全力去做。我想，这才是她垂暮之年，依然能东山再起的重要原因。

比如，她最强大的对手夏帕瑞丽在媒体上说，香奈儿已经过时了。香奈儿依然每天看书，做设计，从未停止过手中的工作。媒体来问香奈儿，对夏帕瑞丽有什么看法，香奈儿说，那个女人是做衣服的艺术家。我认为这才是香奈儿最独特的地方，她从不诋毁任何人，也深深地明白，与其在意别人的背弃和不善，不如经营自己的尊严和美好。

尽管她爱过很多人，也被很多人爱过，但最终，她还是一生未婚，坚持阅读、工作，把所有的时间都献给了事业。直到晚年，她接受了一个作家的采访，开始让他为自己写传记。在采访中，她说了两句话，深触我心。她说，我这一生不过是一段被无限延展的童年。她还说，生活并不曾取悦我，因此，我创造了自己的生活。

如果在那个最关键的时刻，她没有读到好朋友阿德里安娜所收集的故事集，没有看到话剧《茶花女》，没有后面坚持阅读、坚持工作的经历，我想，香奈儿可能不会成为传奇，更不可能在人生几个关键时刻，活得通透，看得明白，走得踏实。

她是时尚界最浓郁的色彩，也是活得特别精彩的女人。这一生，她活出了自我，也活出了自由，但提到对自己影响最深远的事情，香奈儿依然坚定地说，是独立、是工作。

如果没有坚定的信念，没有想靠自己双手改变命运的决心，我想，任何女人，或者是任何人，都无法找到自己的前方。

真正的独立应该是香奈儿这样，永远持有改变自己的勇气与决心，只有这样，她才能脱口而出："假如生活并不曾取悦我，我要自己创造想要的生活。"

如果还不能开口谈钱，说明你不成熟

01

谈钱，真的很俗吗？若问刚刚大学毕业的我，我一定嗤之以鼻，为何要谈钱，多伤感情。

感情至上的我，毕业后，花钱大手大脚，见到喜欢的东西绝不会“心慈手软”，因此，我几乎没有任何存款，有时还会是“月光族”。毕业后，来到光怪陆离的社会，跌跌撞撞好几年后，才懂得了一个真理，没有金钱做支撑，就没有生活可言，若不懂得合理利用金钱，你会为下个月的房租发愁，会为还不上的信用卡发愁，会望着商店里穿不起的衣服发呆。

有一次参加线下活动，我们谈到金钱，一个女人对我说，她看不惯现在的年轻女孩，因为她们把钱看得太重要了，为了钱换工作、换男朋友，没有钱，女孩不愿结婚。难道不可以理想主义一些吗？

她问我，你这个文艺女中年，怎么看待金钱？

我讲了一个故事。我采访过一个令我很羡慕的长者，之所以羡慕她，是她把家建在了一个庄园里。那里都是鲜花，她每天早晨很早醒来，打理这些鲜花，喂养宠物。

我问她，怎样才可以活成你这般模样呢？

她直言不讳地说，趁着年轻，多赚钱，赚到第一桶金，就要开动你的智慧让钱生钱。这个世界一切都在改变，不变的法则是你拥有赚钱的思维和行动。只有花自己赚的钱，才有底气。当然，你只有特别努力，才可能赚到钱。

我深以为然。特别感谢这位长者，她并没有脱离现实，告诉我一些玄而又玄的人生经验，只是告诉了我，爱惜金钱，努力工作，这就是年老以后幸福的秘诀。

赚钱的能力是摇钱树，节约的能力却是聚宝盆。要想过得好，两者缺一不可。金钱真的很重要，没有它为基础，你就没有时间抬头看月亮，因为生活会逼着你一直低头寻找“六便士”。

02

我和一个作者去做活动，看到他的履历，我暗自吃惊，对方实在太优秀了，而且有种不食人间烟火的灵气。距离活动还有一个多星期的时候，主办方在群里问我们演讲准备得怎样了。

那个作者却反问主办方有没有买自己的书，他的活动经费什么时候给。

我看着他们在群里就一些报酬、礼物谈得很仔细、透彻时，觉得这样直接谈钱的方式挺好，每个人都能得到自己想得到的，不躲闪，也不用刻意伪装。

私底下，我曾问那个作者："你这样直接，不担心会影响自己的形象吗？"

他回答："不会，面对利益的分配，直爽一些更好。我们身边最缺少直接谈钱的人，却不乏不肯让出自己利益的人。"

我一直认为，能够处理好金钱和爱情关系的人，是绝顶优秀的人。我们在人生这条路上，坦白来讲，除了爱，还有钱。爱，让我们内心柔软；钱，让我们双足踏实。没有金钱支撑的爱，苍白无力，没有爱支撑的生活，苦涩无味。

有一句话说："小时候对钱只觉得庸俗，长大后对钱只剩下喜欢。"

二十多岁的时候，没有买房买车、怀孕生子的压力。在一个行业里做上三五年，基本上可以拿到一份不错的薪水，每个月还会有存款。

一旦结婚，买房买车后，生活几乎是"一夜回到解放前"。我身边在北京买房的朋友，每个月拿到工资，第一件事情就是赶紧还房贷。一个朋友曾说，原来让我们由懒惰变得勤奋的事情，不是长大，而是买车买房。

03

一个同事曾表达过类似的感觉——她现在虽然是“月光族”，但她坚信自己三十岁以后，一定会存很多钱，她会越来越富有的。

可人生的真相是，随着年龄的增长，可能我们手中可支配的钱会越来越少，花费却会越来越高。你在生命中会迎来你的爱人、你的孩子，然后，你要按照自己喜欢的样子装修房子，包括你喜欢的车，你要进修的学位。拥有这些，都要靠勤俭节约、断舍离换来。

普通人赚钱的黄金期真的比想象中短。因此，知乎上的热点帖子，大多都在讨论——过了三十五岁，还在投简历的人是不是比较惨？或到了四十岁，企业里被“优化”赶走的人去了哪里？多去翻翻类似的帖子，会让人看到真正的职场真相，同时也会更珍惜时间。

如果二十多岁的时候，不珍惜时间好好赚钱，甚至挥霍金钱和时间，三十岁的时候可能还是会潦倒如初。一定要牢记，不是所有人都会随着年龄的增长而日益富有。富有与年龄并没有直接的关系。金钱有它自己的偏爱，它偏爱努力、勤俭的人。

不要排斥金钱，不要一嗅到商业气息就喊铜臭味，其实，拥有更多的金钱，意味着拥有更多的时间、更多的自由、更多的选择权。

所以，签订劳动合同之前，一定要问工资、在意工资，这是对你价值的肯定。去做一件事情之前，一定要多想一想，这件事会花费你多久的时间，这是对你生命的尊重。去爱一个人之前，不要忙着摊牌，先去了解对方需要怎样的爱，会让你更懂得爱。

第七章

认真生活的勇气最可贵

去做线下演讲，有人问我，采访过那么多优秀的女人，

特别崇拜哪一个？

肯定是自己的妈妈。毫无疑问。

我们身边不乏各种优秀的女性，身上都有着独特的闪光点。

她们智慧、可爱、聪明……数不尽的优点，

但她们只能是她们。

唯有妈妈不可替代，因为她不仅是最爱我们的人，

更是愿意拿出所有来爱我们的人。

不仅如此，不管我们过着怎样的人生，

她都在我们身边一直拥抱着我们。

时间是治愈一切的良药

01

写作多年，最大的收获是经常有读者来跟我分享他们的故事，让我解答他们的困惑，想看看我看待一件事情的视角。

一个因离异和失业而特别伤心的女人，善良且温柔。短短一年间，她经历了沉重的打击。她从泉州飞到上海，特意来找我。我们在书店里进行了一次深度的交流。最终，她释然了，突然问我："你在现实生活中失恋过吗？会焦虑吗？如果有困惑，你把问题交给谁？"

这真的是一个很好的问题。我思考良久，抬头看到书店外面大雨磅礴。二十年前，那个奔跑在如此雨夜里的女孩，已变得成熟且独立，不会在风雨中怨天尤人。其实，我愿意把所有的问题、困惑和迷茫，都交给时间。上海喧哗生活的背后，有着无限的拉扯，生活里也一直有新的压力和考验一次次困住我。但由于不断采访与远行，我似乎总能在被采访者身上得到新的解法，而不局限于自己的视角。

若有困惑，我会让自己在撕裂的情绪中停留一会儿。人的幸福，是由很少的对抗和很少的自我放弃构成的。

若被伤心所困，我允许自己在伤心里待一段时间。情绪无法戛然而止，只能缓缓落地，人会多一些责任感。我们都会在岁月里沉淀成另一个人，一个更本真、感受力更强的人，适应变化，适应时间。

02

情愿痛苦，不愿麻木。我从不刻意远离痛苦，反而会珍惜痛苦，因为它会令人思考，而思考就是成长。怀疑一切或相信一切都会令人懒惰，唯有探索最难。

去年创业后，我去过很多国家旅行，顺势采访了许多人。欲望也渐渐回落，心中常常升起四个字——五蕴皆空。万物都有自己的尺度与衡量标准，那些沉落在普通生活里的人，努力让自己活得更好的瞬间，给我更多的触动。

新书上市后，有几个月的时间我很担心销量，日日失眠，内心充满恐惧。听闻朋友要去新加坡见一些热爱音乐的人，我也欣然与他同行。落地后，我们直奔鱼尾狮公园。在公园里，看到一群可爱的年轻人围坐在一起，没有一个人在看手机，都在认真交谈，享受音乐。

有人弹起吉他，有人唱起歌。我凑近与他们交流起来，才知道原来是其中一个女孩失恋了。朋友们为了安慰她，特意聚集，一起畅聊音乐，演奏音乐，为她疗伤。这个下午，阳光灿烂，微风吹拂，我感觉到那些年轻人在发光——那种发自内心的轻松自洽，那种与自然融合在一起的澄明。这一切也让我安静下来。

回去的路上，我同朋友讲："我羡慕那个弹吉他的男孩，他看起来格外阳光。"

朋友回应："是的，很难看出他失去母亲不久。"

那一刻，我很受触动。每个人遭受痛苦、倍感压力时，选择的面对方式都不尽相同，但那个男孩呈现在我面前的是平静，甚至还能抚慰他人，这种状态令我肃然起敬。

我看了《自愈的本能》一书，认同里面的一个提法——人脑由认知脑和情感脑组成。情感脑是真正的脑中脑，负责情绪调节，也拥有自愈的天然机制。

自愈是本能。遇见问题，给自己一段时间，问题都会渐渐愈合。

理性的认知脑帮我们看清世界，而情感脑却在关键时刻，安抚着我们的不安。

我虽然也会很羡慕，同时又觉得那些东西都不属于自己。真正属于我的是写作、绘画，安安静静地做好自己的产品。做产品的过程，是挖掘自己与自我交流的过程。后来我创业，做课程，做令内心平静的产品，愈加认同——把一件事做好，可以解释所有的事。做好一个产品，就是修行。

03

女人继续问我："随着人工智能的发展，你会不会担心你的工作被替代？或者人类已经不再需要阅读和写作，只需要与AI对话，便能知晓一切？"

一切皆是模糊的概念。即使最亲密的人，我们也无法了解其全貌。

任何时代，若想前进，人都需要学习，需要思考，需要沉淀，尤其在这个终身学习、成长和创新的时代。人工智能的发展，是来助力人类的发展的。但人需要安全感，不管走多远的路，都需要土地的智慧与自然的安慰。

我甚至认为未来可能会分为两种极端：一种人会愈加依赖纸质书的阅读；另一种人任由人工智能快速更迭在自己的世界里。我们不断地锤炼阅读能力和写作能力，其实相对应地增加的是创造能力、思考能力，以及智慧的力量。

人是会自愈的，自己也会分清方向。人生的修罗场像黄河一样，流过无数个弯道，不断往前走，汇聚了各个地域的沙土，最终成为自己。每一个弯道，每一个路口，每一个告别，每一次绝望，都在告诉我们，提醒我们——要记得成为你自己，要去做你喜欢的事情。

写作不仅仅是写作，更是一种深度的思考方式，一种全然打开生命的过程。

最好的创作不是打败时间，而是像文学这般经久不衰，与时间同行。未来的人工智能或书写形式无法窥探，但我想一定会对真正的思想者有益，也能帮助到真正想努力做事的人。不管外在的呈现形式如何，宇宙自有它的道。

妈妈都是胆小鬼

自从我生了宝宝，妈妈和婆婆两个人便轮流来帮我带孩子。转眼，我的宝宝快三岁了，很乖很听话，也很依赖我。我非常累，但很满足、幸福。

记得生他的前三天，我还在工作，医生检查说我要生了，情况有点儿不太好，要住院观察，我有些不敢相信，毕竟距离预产期还有一个月。

生宝宝的前两天，我一直在吸氧，第六感告诉我，宝宝其实有些危险，我的依据是他没有之前那么爱动了。但每个来检查的医生都告诉我，一切正常，请我相信她们的专业能力。那几日，我特别焦虑，经常看向窗外，炎热的八月，外面的天空湛蓝，没有一丝风。

我只能把自己微妙的焦虑感一股脑地告诉妈妈，因为我的先生当时还在飞行。妈妈去找医生，一遍遍地表达：要不给她剖宫产吧！她自己觉得情况不对，而且今年也三十多岁了。更重要的是，她怕疼。

妈妈的诉求每次都被反驳回来。医生的态度也越来越差，他们都觉得我高度敏感。而我真的感觉到了危险。这是一个很难的选择：你是应该相信医生的专业度，还是要相信自己的第六感？我和妈妈都选择了后者。

妈妈信佛，夜幕降临时，在医院，她拉上了窗帘，朝着我老家的方向跪拜了下去。那一刻，我有些伤感。她即将七十岁，还要为我这个成年人操心不已。奇迹出现了，就在晚上，我开始觉得肚子很疼。医生来了两次，帮我检查，安慰我，让我不要太紧张。

我赶紧向医生申请，我要剖宫产。医生拒绝了我：明天是周六，周末不安排剖宫产。

第二天清晨，我的妈妈一次次去找医生，告诉她，我的情况很危险。那一刻，我非常感动，因为只有我的妈妈还在无条件地相信她的女儿，认为我的第六感是准确的。

无奈，医生听不太懂她的方言，交流不畅。后来，妈妈申请拉来胎心检测的机器来检测，护士拉来了一台很大的机器，有些不耐烦地操作，嘴里嘟囔着“就你事多”。

我妈妈说，姑娘，你这么说话就不对了，咱用机器的检测结果说话。

结果不到两分钟，机器叫了起来。我妈妈听到机器的叫声，赶紧跑去对医生说：“啊！那个机器，啊！它在叫呢，特别吓人！”

医生也被吓坏了，立刻狂奔到我的床位，随后又跑到楼道里喊:“快来! 708B床危险,紧急剖宫产,就位!”

那个清晨,大家刚刚上班,整个楼道都在喊着我的名字。

不一会儿来了两个医生,一个麻醉师,我只记得自己被慌乱地架在平车上,一路上只有影影绰绰的顶灯,还有平车轮胎撞击地面的咯噔声,急救通道旁边还有一张中年女性面孔,颤抖的瞳孔和痉挛的嘴角仿佛要表达着什么,我听不清了。

我的妈妈说她当时已经吓得腿软,走不动路了,她站在原地看着我的床被推走,哭了起来。

在手术台上,医生说:“你竖切吧,没办法选择了,因为孩子情况紧急。”一直到现在,由于体质问题,我肚子上还留着一道很粗很粗的疤痕。

幸运的是,半个小时后,我的孩子就出生了。医生和麻醉师也都很高兴,特意抬起孩子的屁股,让我看是男孩还是女孩。

我被推出手术台的时候,先生来接我,一脸泪。推车的医生说:“这么好的事,生个儿子,别哭了,要高兴。”妈妈去接宝宝,看到我被推回来了,特意骄傲地对我说:“据说小孩子第一眼见到谁,会格外像谁,跟她比较亲。”还说,“小男孩,长得真好看,特别好看,手修长,很白。六斤二两。”先生说:“眼睛很长,睁开了一只眼,嘴巴像你。”

但我不敢看他。特别美好的东西,拥有时,人就像个胆小鬼一样,不敢相信、不敢睁眼,甚至不敢拥有。妈妈面对自己的孩子,更是如此。

妈妈说：“我生你的时候也是紧急剖宫产。当时生你，我被疼‘死’过去了。医院偏僻，又是晚上，没有水喝，你爸爸跑了很远的地方去拿热水。我也不敢看你一眼。”

当了妈妈后，我们都变成了胆小鬼。

对，我也成了胆小鬼。怎么突然一不小心，我来到了一个处处是牵挂的年纪，一点儿不敢出差错，也不能出错。我对自我的成功没有了那么强烈的渴望，但我知道自己要强大起来，内心要非常强大，才可以支撑起我所拥有的一切。

自从做了妈妈，我突然之间成熟了。整个人变得平和了许多，不再像从前那么封闭，也变得更有耐心了。虽然有时会非常焦虑，但很快就能平静下来，会认真地分析自己错在了哪里，突破口在哪里。

自从做了妈妈，我变得温柔了许多。亦相信人善意居多，也很怀念从前走散的朋友们。悔恨当时如果大度一些，不那么自我、激进，说不定现在还会有联络。但同时也突然更加坚定，人和人之间的缘分，聚散终有时。

但不可否认的是，我成了一个不折不扣的胆小鬼。害怕失去眼前的幸福，也怕身边的人受伤。我要更勇敢一点儿，坚强一点儿。

我不仅要依靠自己，也要成为被依靠的那个更好的人。

孩子无价，爱也无价

01

我趴在办公桌上睡着了，好舒服，我感觉自己往下掉，往下掉。哇！腿一个颤抖，身体猛地一震，差点儿掉到椅子下面。听到有同事开玩笑，说我每天中午不吃饭，累得趴在桌子上睡觉。他们很年轻，还不能理解一个新手妈妈到底有多缺觉。

有人问我：“做妈妈这件事，你后悔了吗？”

当然没有后悔。

之前，我还在想，人这一生不结婚不生子，其实是自由的选择，我们不必活得跟其他人都一样。现在，我却坚持认为，如果有机会生孩子，女人真的要去拥有一个孩子，体验一次完全地去爱一个人的感受。这和爱情是不一样的感受，要更温柔、更投入，也更真切。

我的孩子仿佛就是我，小小的我，我看着他一天天长大，弥补了自己成长中的记忆。原来我是这么长大的，我的妈妈曾经这么费力地养育着我。白天伤口疼，晚上睡不好，还要做家务、喂孩子、写作、看书、与客户谈判、减肥……

我经常看到别人写无所不能的妈妈，后来，我慢慢理解了这个词。每一个做了妈妈的女人，都需要一种智慧——平衡的智慧、舍弃的智慧、成长的智慧。一个妈妈不可能面面俱到，但一个智慧的妈妈会透过疲惫的生活看到它给予我们的温柔瞬间。

做了妈妈，生活一定会支离破碎，时间和精力都被划分成了更细小的碎片。不仅如此，你还要精疲力竭，你还要备受打击，连连出错后，才认识到你很弱小。

02

突然想起，之前有个做了妈妈的同学向我哭诉生活的种种不公，那时，我真的完全不能理解她。只有做了妈妈，才能完全理解自己的妈妈，真的。同时，我也感谢生活的偏爱，虽然我拥有了宝宝，但身边一直有妈妈陪伴，帮我看护着孩子，让我安心去工作。

你看到的我，累得像狗一样趴在桌子上，仿佛不用吃饭就能力气满满，是因为我知道每个自由的时间都是用我妈妈辛苦的时间换来的。所以，我只能更努力，工作的时候，用力地工作；做妈妈的时候，好好地扮演妈妈这个角色。

工作和孩子的确是不能平衡的。有时，你看到游刃有余的妈妈好像能完美地做好每件事，可能她早已崩溃无数次——堵奶疼到怀疑人生时；孩子生病夜里频频醒来，趴在你身上睡觉时；出差听到电话那边孩子的哭声时；胖到无法穿回从前的衣服，抓着腰部的肉，胃却告诉你它饿了时……太多了，类似这样的时刻。

我很累，但我内心也很幸福。只有你是妈妈，在街头看到适合宝宝的玩具和衣服，急着给他买时，当你看到路边走过的宝宝，内心生出无限温柔时，才能懂我的幸福。

03

记得最初怀孕时，我是那么排斥、担忧。我一次次确定，不敢置信。看着一年的工作计划——我要出书、要拍视频、要做线下女性成长读书会，而在这个关键时刻怀孕，实在有些不甘心。

在刚得知自己怀孕时，我顿时觉得自己和过去不一样了。整个世界仿佛都是我的敌人。我要安全，我要更强大，有时，因为太过用力，我会一边害怕，一边缩到自己的世界里。记得当时公司团建，我请假，但明显能感受到自己的失落。我们是新媒体公司，同事们大多是刚毕业的学生，完全无法理解孕妇的不适与不便。没关系，我已经不需要别人来理解了，只要我能舒服地过一天，不呕吐、不难受，能稳当地坐在椅子上，对我来说，就是莫大的幸福。

我的脸上开始长痘，一层层，我的胸部开始长黑色的斑，肚子慢慢膨胀，经常腿肿，胳膊也酸痛。我只能忍着。

一天下午，我一屁股摔坐到了地上，我放声大哭，直到去了医院检查，确认无事，那一刻，我再也没有过想要放弃他的想法。当时摔那么厉害，直到现在我坐凳子久了，也会隐隐作痛。而我的孩子安然无恙，这不是最深的缘分的联结吗？

有了这样的想法后，我开始积极了起来，孕中期与孕晚期，我的状态特别好。我每天穿戴得漂亮整齐，也会化妆，然后去上班。我没有做过胎教，但我经常看电影、看美景、吃美食，每次都会在心里告诉他：嘿，小宝贝，我正在带你体验美好人生。我现在只是你的小姐姐，马上就要是你的妈妈了。

妈妈，这个称谓真的太伟大了，以至于直到现在他叫我妈妈时，我才慢慢习惯这个称呼。

因此，那些为怀孕而纠结的你，为了生孩子不得不放弃一些工作和生活的你，真的别难过。好好享受这段时光吧。每个女人拥有孩子时，注定要放下一些你平日里认为很珍贵的东西。我也放弃了很多，比如，上海书展时，尽管编辑已帮我申请了展位和讲座，但恰好赶上我住院的那几日，也只能放弃了；有人想请我去主持新书发布会，也默默地换成了别人；女性成长读书会，就在上海外滩的读者书店，每一期都需要我来对话嘉宾，我也无法再出席……类似被放弃的机会，太多了。

我只有一声叹息。我不上进吗？不努力吗？显然是否定的。只是，我要按暂停键了。我不敢祈求所有人等我，给我一些时间，我只能面对遗憾，沉默，并接受。

有人问我：为了孩子值得吗？

真的没有什么值得或不值得。如果让我在孩子与任何事物之间做选择、做比较，我也会毫不犹豫地选择护他周全，因为我是一个妈妈啊！

我可以不是一个完美的女人，可以不是最好的员工，但我发誓，做妈妈，我要认认真真地做最好的妈妈。我生命的意义是成为更好的自己，而成为更好的自己的理由是，我要成为他的一盏明灯。

如此想来，好像所有的磨难、所有的遗憾，都可以去经历、去面对。

那些和我一样，做了新手妈妈的你们，如果孩子让你暴怒，如果你也在抑郁，如果你也不幸地和我一样要放弃许多，请记得，有许多人和你们一样纠结过，但不用权衡，孩子是无价的，爱也是无价的。当然，最重要的是，你也是最珍贵的存在。

爱是体面的退出

五十五岁退休的那年春天，雪姨的世界格外低落，家里的绿植死了一片。

低落，不是因为她签退休单的时候摔了腿，而是她唯一的女儿禾子，离婚了。可是，谁敢相信，谁会相信，禾子居然敢逆着母亲，在三十岁这一年离婚呢？读书时，一直是学霸的禾子，又乖巧又优秀，而后又在他人羡慕的眼神中前往美国读了博士。毕业后，禾子在雪姨的呼唤中，回到了国内某央企，胜任要职，过得风生水起。

雪姨翻出了全世界她能触到的关系网，张罗着给禾子相亲，一个又一个，禾子一心扑在事业上，看相亲对象像在看田地里生长的白萝卜、土豆，无趣又较真儿。

又是雪姨拿着放大镜反复比较，最终确定了一个与禾子条件旗鼓相当的女婿。雪姨松了口气，合上了自己的小本本——本子上记录的都是男孩们的详尽资料。

雪姨是个认真、勤勉、骄傲的老太太，在她看来，生活就是奥数题，只要认真地一步步解答，普通人一样可以解决。可生活哪有标准答案呢？这段时间，她的女婿总是驻外工作，雪姨很担忧两个人的关系，便费尽口舌想说服禾子赶紧生宝宝，以此来拴住男人的心。

禾子答应了。

雪姨哼着小曲，开心地帮他们打扫房间时，突然翻到了女儿的离婚证。禾子这才告诉雪姨自己已经离婚半年了，原因是她的先生，啊不，前夫出轨了。

雪姨惊恐连连，羞愧难当。她沉默许久，黯然地关上了自己的房门。

离婚，在禾子眼中本是寻常，在雪姨的世界却犹如雪崩。之前开朗、爱说笑，又“傲娇”满满的雪姨，仿佛孔雀般收拢起羽毛，缩在角落里，一蹶不振。

姐妹们邀请她去的旅行，亲戚发来的结婚请柬，公司的周年庆邀请，雪姨都以腿疼为由推掉了，尽量不出家门。她整个人瘦弱了许多，而且总是自己跟自己对话、较劲。每次想到别人知道禾子离婚这件事，会在背地里怎样嘲讽自己，雪姨的世界就会下一场冰雹。

禾子只好请了长假，想陪陪母亲。

雪姨听到禾子会耽误工作，不由得破口大骂：“难道不知这灾难都是你带给我的吗？你太没出息了，连个男人都留不住。”禾子没有控制住情绪，立刻回怼她：“你不是也没有留住我爸爸吗？”禾子很受伤，失去了老公，现在也失去了妈妈。禾子立刻买了机票，一个人踉踉跄跄出国了。

雪姨的世界一下空了，她陷入了更深的痛苦和迷茫中。雪姨年轻的时候，离过婚，她的人生一直有一个信念，那就是不能再让女儿重蹈覆辙，因此她小心翼翼地维护禾子，为她设计好所有的路。可她还是走“错”了。

从表面上看，是雪姨无法接受女儿离婚这件事，深入分析，会发现这是雪姨内心特别“脆弱”的表现。禾子，作为一个事业有成的三十岁的女人，下定决心结束一段不合适的婚姻，不能算是一种羞耻，反而是一种解脱。三十岁的优秀女人，最有魅力的时刻，完全有可能、有能力去开启新的人生。

可是，雪姨为何如此脆弱呢？是因为她还在用过时的道德观来衡量这件事，认为女人一定要结婚生子，要有一个可以依赖的家，才可能获得幸福。除此之外，她没有意识到自己在掌控女儿，期待女儿什么都要听自己的，这种母爱是没有边界的。

绝大多数父母都可以做到终身相依，却做不到与孩子分离。因为分离，意味着一个母亲要学会放手，让孩子去做完整的自己。因为太爱孩子，所以才控制不住自己想去一手安排她的未来。再深层次地来分析，其实是太爱自己了，爱自己的荣誉，胜于在意女儿的感受。

爱，真的会让人迷茫。它会让父母忘记，他们也要成长，速度要超过孩子的认知，更要超越从前的自己。

爱，是一种能力。爱的能力就像学习语言一样，如果想要运用自如，就必须反复地学习、练习，提升自己爱的能力，才能掌握它。爱不仅需要一腔热血，义无反顾，爱更需要理性，需要自律的约束，需要边界的限定，需要妥协的商讨。

真的有人会因为孩子或亲人的遭遇来评判我们的一生吗？答案自然是否定的。

心理学有个名词叫“透明度错觉”，形容的就是雪姨的感受，我们以为自己所做的一切都会被人注意到，其实是因为自己的敏感和脆弱。尤其是高敏感的人，由于过高的“人际敏感度”，别人的一个动作、一句话，都会让他们想太多。

与周围的人群保持适当的“人际敏感度”，也就是不要过度地解读别人，会让自己更舒服。

就像西方哲学有个故事：一个人被关在了一个房间里，看到墙面呈现出自己不同的模样，那些模样，有的令他恐惧，有的令他坐立不安，有的令他稍微安心。

直到房间里的灯亮起，他才明白，这是镜子屋，他看到的每个自己都是内心的折射，与他人没有任何关系。

所以，把内心的“脆弱部分”敞开，像往常一样，靠近人群，走向阳光，阴霾自会散去。

爱女儿，更爱自己；重视自己的情绪，更尊重女儿的感受；重新开始生活，重拾爱与信心。你会发现，这个世界和以前一样。若有不同，那一定是更广阔了。

第八章

定力，是一个人的魅力

我们做的每一个选择，其实都和自己对生活的理解有关。

而我们对生活的理解，源于自我的定力。

亲爱的你，一定要去做长期主义者，在漫长的人生之旅，

用时间和积累为自己铸造一座灯塔。

有了它，就不会迷路。

孤独时，也仿佛有了心灵的依托；

迷茫时，仿佛也能拨开眼前的迷雾。

定力，是灯塔的源泉，是生生不息的力量。

心安静的时候，才会定，定了心，才能生慧。

如此，人才有趣，生活才有远方。

换一种视角，
重新理解错过与选择

01

再见暖暖时，是一个下着大雨的春天，我们先是吃了火锅，又跑到咖啡馆聊了许久。

她告诉我，二十三岁那一年，她出版了第一本书，一副文艺又美好的模样。有投资人找她，问她是否愿意和自己合作，成立一个公司，打造她的个人空间，包装她，成功后她会活得更自由。

暖暖拒绝了对方的邀请。她心想，我现在就很自由啊，有一份自己喜欢的图书编辑的工作，还可以写小说。再者，她对包装这个词不屑一顾，她受过的教育、每天阅读的书告诉她，要活出自我的第一步，就是要与真实的自己相处，尊重真我这一面。

如今暖暖三十二岁，再次遇见了那个投资人。想想二十三岁那年她没有答应，一开始有些后悔，再加上听对方说自己包装的几个写作者如何风光，暖暖只能在心里默默哀叹。

而后，暖暖一夜未眠，听《道德经》，听到“厚德载物”那

一章，终于冷静，追悔莫及的心安稳了许多。她意识到自己的厚还未积累到一定程度，德并未立得住，就想承受比自己的厚与德要沉重许多的能量，身心都会失衡。失衡的状态下，人很难做事情。

有时候，人真的要感谢自己慢了一拍。就因为慢了这一步，十年来，她一直在摸索真实的自己的模样，走了许多弯路，读了许多书，流了许多泪，也明白了许多道理。她虽然没有过上投资人所说的那种自由且美好的生活，但一直在做自己喜欢的事情，并在十年后，成了真正的创业者。

暖暖骄傲地说，你要知道这路是我选择的，并且是自己走出来的。

我问她，如果再给你一次机会，回到二十三岁那一年，你会答应投资人的请求吗？

她说，应该还是不会。

只能说是机缘不够，也就是机会来了，缘分不够。你没有准备好的时候，有机会来敲你的大门，你是不敢打开的。因为对自己的认识不够，对社会的认知也狭隘，当一个人没有准备好的时候，没有办法突破自己成为另一种人。自我都有局限性，而世界却是无限丰富而又饱满的。

世界不会因为我们的局限而就此留步，它还在按照自己的节奏往前走。所以，只能换一种角度看待生活的种种。然后，还要告诉自己，如果机会来了，即使没有那么想要，也要分析一下拒绝的理由。

暖暖说，那一批被邀请的作者里，大多做得都很不错，但得失平衡，有人职场得意、情场失意，有的分手、有的离婚，聚散无比热闹。在巨大的财富涌来时，没有被过往打击过的人，很容易迷失，以为这是属于自己的能力应得到的果实，却没有正确地认识到，这是时代的红利，自己恰好走到了那个节点上。

02

我在二十几岁的时候，也做过许多尝试，当然也错失过许多机会。那时我二十六岁，出版了第一本书，我从未想过，那本书一下把我推到了畅销书作家的位置。我收到了许多编辑的约稿，还有电视台节目制作组的邀请，可当时的自己真的是认知不够，又过于天真，并没有很好地接住一些机会。

我经常想象，假如让我重新回到二十六岁那一年，以我现在的智慧和对这个世界的理解，我肯定比现在更成功。因为作为先知者，我会避免一些年轻时跳过的坑，我会选择对自己更有利的通道，我会更积极主动，不再那么拖延，更不会抱着温和的“丧”的品性沾沾自喜。

但时间的通道只有一个，我们都无法带着现在的经历与阅历，去重新开启之前时间的大门。你我只能往前走，以现在的智慧去迎接当下的挑战，以现在的心境去面对真实的世界，这就是无法重来的人生。

03

不到最后，你很难明白，那些错失的机会是真的属于你，还是放了你一马的诱惑与陷阱。所以，错失机会时，不要悲观，不要沮丧，要有绝对的耐心，站在路口，等风再来。

风再来时，你才有足够的定力迎接它。

张爱玲说，成名要趁早。我却有不一样的看法。过早的成名，一旦名利、掌声、鲜花、赞誉都向你涌来，而内心定力不足时，很容易被冲昏头脑，以为得到这一切都是理所当然的。

但人不能一直站在坦途上，总有那么几个时刻，我们要跌倒、要一蹶不振、要迷失、要接受诋毁。之前成功的顺利，此时会让你我变得很脆弱，迎不起风雨，也低不下头。但人格的锤炼，人格的魅力，其实是在后面这些挫败或不如意中完成的。

看一个人的作为，不仅仅要看他成功时的姿态，更要看他如何与失败相处，以及握手言和。

04

后来我才明白，成长的大部分时间，都是在学习接受，接受失败、接受错过、接受离开、接受不如意、接受突如其来。真正接受的过程，就是对自我的接纳，开启了另一种成熟的思维。如果不接受，身上固有的少年气会不再可爱，和真实的年龄有着违和感，形成一种固执、拧巴的特性。

困惑时，换一种角度看生活，会得到另一个自己。你会看到心之所向，也会看到远方。

许多事情无法勉强，成年以后，要相信因果循环。但我们不要在果上纠结，要重视因，培养因，给因更多的时间与付出，才会有果的收获以及价值。而这，也是长期主义者的选择，不在意一时得失，会以智慧来迅速调整思维，重新面对挫败或黑暗。

那些囚禁在自己的河流中，独自渡河，偏执得厉害的人，哪怕河水冰凉，哪怕长路漫漫，他们也不愿意爬上岸。当然，更多的他们，已经迷失在了前往彼岸的路上，抱着绝对的对或错，绝对的成功或失败的概念，不肯放过自己。这一生，他们都无法主动离开。

庄子说，生而为人，仿佛进赌场。我们所说的每句话，每个行动，都是赌注。内心沉稳的人，把赌注看轻的人，仿佛永远有另一条路可走。

每年都要送自己几个关键词

01

一年之中，最好的季节是春天。一个朋友告诉我，春天适合计划、向上，所以买课、报班的人会很多；秋天适合沉思，所以买书的人最多。朋友把她的计划表发给我看，满满当当，每一个目标都好难实现。比如去留学这个目标写了好几年，换工作这个目标也只是想想而已。

我问她，为何要列那么多有挑战压力，且难以完成的事项呢？

她回答，我也清楚许多目标并不能实现，但这样可以激励自己向前冲啊！人生就是向前冲冲冲，不前进就是后退，我是无法接受自己后退的，哪怕一步。

那种感觉，仿佛慢了一步，自己的计划就会被搁浅。许多时候，我们混淆了前进和后退的位置以及关系。行而不辍、未来可期，是一种前进。卧薪尝胆、退避三舍、退一步海阔天空，从表面上看是退，其实是另一种前进。

其实我们写下来的目标，多半是欲望的影子。要不停地审视和观察所写下来的这些目标，才会发现它们的分散。一个人处于核心之中，想做的事有无数个触角，在时时刻刻伸展。目标塞满了前行的路，那就是没有目标。想和全世界的人做朋友，就会无法收获任何一个朋友。

我们要有目标，但更要有方向。目标很脆弱，万一无法实现，只要明白走在属于自己的方向上，就不会那么迷茫，那么空洞，以及焦虑。

02

自从我开始教人阅读和写作，我会要求大家先找到我，和我聊聊跟我学习的原因，期待得到什么，以及目前自己的写作水准，我都要了解清楚。然后我会给他们定几个关键词。

有一些朋友一开始就告诉我，自己要写文案变现，据说写作目前很赚钱，等等。我也一定会严肃地告诉他们，写作也有自己的金字塔。塔顶的人，因为投入了更多的时间和精力，才会拥抱更多的资源。但写作赚的是辛苦的钱，一个字一个字地写，一点点投入，无法快速，一旦拔苗助长，注定会失败。

其实每个行业都有自己的金字塔。金字塔的风景丰富多彩，各司其职、各有压力。站在塔顶，自然登高望远，但也高处不胜寒。在塔底，更多的人在努力攀爬，也在酝酿，但同时意味着更多的选择和机会，可以随时选择离开，也没有塔顶人的沉重压力。

所以，为什么年轻的时候我们更容易困惑，找不到自己呢？

因为在我们面前的选择很多，尝试很多。当一个人还在塔底漫游，并没有完全地想把身心投入一件事情中，也意味着这个时刻的自己是容易分心的。分心，是走向成长的路上每个人都要经历的阶段，谁也不可避免，尤其是一个人特别年轻时。

我公司有一个刚毕业的小朋友前来实习，她经常来问我各种问题。最令她纠结的问题是，马上研究生毕业，也算是名校，但选择太多了——她可以去出版社工作，也可以做自媒体创业，还可以回到自己的家乡—— 一个县城里做教师，免去漂泊之苦。究竟该走哪一条路？什么才是正确的选择？一些平台似乎了解了她的关注点，总给她推一些回答，她看了回答，内心更为迷茫。

我从不给人建议，无论哪条路，都不是坦途，都要一步一个脚印地走。每一个选择都有风险，但也都有风景。我这个时候更不能说，你要问你的本心，看你的喜好是什么。因为一个人对自己的认识不完整时，是没办法分清楚自己究竟爱着什么，愿意为什么付出的。总要走一段路，才可以看清自己是谁。这个过程，谁都不可避免。

但一定要经常给自己一些关键词，代表方向的关键词，可以经常地修改它。尽量地把人生想长远一些，假设自己五年后，十年后，甚至这漫长的一生，自己想成为什么样的人，过什么样的生活，和什么样的人交往。

尽力延展，尽力想象，尽力把自己身上各种最大的可能性想清楚了，关键词的话语权就会更重要，你也会更明朗。当然，属于你人生的关键词会变。变化是好事，说明你在思考、在探索，也在重新定义你自己。

03

人到中年，我很怀念自己青春年少的那些年，尤其是大学毕业后的那几年。那时的我，带着一些散漫，带着不可一世的骄傲，带着几分探索的欲望，仿佛全世界都是我的金矿，我只需要俯下身去，辛苦地挖掘，就可以满载而归。我真的以为人生简单又直白，而我也可以一直勇猛向前。

我多么想永远保持那种姿态，带着矿工的认真与勤勉，一直挖下去，不问西东。那个时候，年轻的我并不知道，那种投入的心境就是初心，如果一直保持，也会有很好的收获。但有的人一边挖，一边东张西望，最终落荒而逃。这个世界属于全神贯注的人，属于那些紧握着自己方向的人。

不知不觉，我怎么突然来到了中年的阵营。每晚睡去，清晨醒来，我都要提醒自己一遍，多么美好的一天，不管今天遇见什么样的事，都要对自己好一点儿。要更珍爱自己，毕竟谁也无法替自己决定要过什么样的生活。人生注定越来越辛苦，但也越来越值得。

每年立春那一天，我才觉得自己新的一年要开始了。我会郑重其事地在这一天写下专属于自己的几个关键词，代表了我今年要努力突破的地方。写下的目标会变化，但关键词不会。

比如今年的关键词，我写的是要踏实、承担，也要学会缓慢、坚定、专注，具体的要求是出版一本好的书，找到合适的摄影师拍五十条视频，直播五十次，寻找十个以上的平台合作，去远方见十个朋友。每次遇见问题时，我都会仔细地来看这几个关键词——踏实、承担、缓慢、坚定、专注。对比我要做的事情，若没有偏离，内心就会平静；若有所偏离，就赶紧悬崖勒马。关键词，让我有了方向感。

我开始慢慢地向身边的人推广关键词。当他们受益时，向我表达感谢时，我的内心涌现出了一种被理解的温柔。人这一生，就是在寻找同行者。

生活越来越便利，一个人的生活也越来越没有难度。要永远记住，人虽然是孤独的，但也是群居动物。一个人可以走很快，但一群人可以走很远。

每年春天，我都会带着专属于自己的几个关键词，以及拆分的目标出发。跌倒时、目标挑战失败时，再对比一下关键词，就会感慨，原来我还在这条路上，如此已甚好。要进取、要勇敢，不必求多，求多必失。

拥有向上选择的期待，
也要承受向下坠落的痛

01

大年初二的下午，我坐飞机从山东回上海。本以为机场会空荡荡，没想到飞机上坐满了人，都在返程。原来这个世界比我想象中的要忙碌且拥挤。突然感慨，新年也不是所有人都闲下来享受生活啊！有一些人还在风雨中穿梭，快乐毕竟是稀缺品。

坐在我旁边的是一个女孩，一直泪眼婆娑，给一个人打电话，好像在恳求对方。飞机起飞，女孩一直在落泪，哭得很伤心。我不知如何安慰她，想来想去，还是写了一张纸条递给了她：祝你快乐，不止新年，不止今年，年年快乐。

她回我，谢谢，真的。

她突然转头问我，自己那么爱一个人，但他并不爱自己，是不是很傻？

我回答，当然不傻。要享受爱的过程，因为爱有保质期。

她问我，爱的保质期是多久？

我回答，这取决于你被这段爱耗尽的时间，也取决于你一直为一个人付出的耐力有多久。特别年轻的时候，对于爱，我们都太用力了。用力地得到，用力地失去，使出全身力气去爱、去恨、去奔赴、去计较。爱，是很宝贵的一种力量。但爱有自己的周期，不管多么莽撞，横冲直撞，也只能发生在特别年轻的时候。因为要爱一个人，思念一个人，要尽情地释放爱，需要时间，更需要空间。

02

女孩下了飞机，和我聊了一路。我提出想写她的故事，她来了劲儿，把我拉到机场的咖啡馆里，与我细细攀谈。

这是一个很普通的爱情故事。她和男朋友恋爱长跑八年，发现男朋友比她跑得快得多，男朋友辞掉了工作，重新回到校园读书去了。慢慢地，她发现他没有从前那么喜欢她了。男人都是喜新厌旧的家伙，她愤恨地说。但随后，她的眼泪涌了上来，她在二十七岁这一年，发现自己比从前更爱他了。

我问，怎么比从前更爱他了呢？

她想一想说，或者是比从前更依赖他，现在的自己好像没有能力来爱他。她的工作太忙，没有时间陪伴他，赚钱太少，无力去实现他想要的东西。这导致两个人每次约会，都是在家里，不去商场消费，好像电影也很少看了。男朋友会说，手机买个会员，架起支架，也可以很隆重地看一场电影。

但女孩会暗自比较，偷偷衡量自己跟其他女孩的得失与落差。比如，她的同事又收到了男朋友怎样的礼物，她的同学又被男朋友怎样求婚了。比如到了某个节日，她在等待男朋友的行动，但他也会装傻。当然，她可以理解他，因为爱，她没有那么蛮横地非要消费贵重的礼品，因为爱，她理解他还是个学生，无力支撑高额消费。

但女孩有一个心愿，她想订婚，男孩父母全部反对。给出的理由异常直接：女孩不错，但家里太穷了，双方不匹配。穷这个字眼，真的是太伤人了。

女孩想立刻放弃，男孩立刻挽留，恳求她给自己一次机会。他说，我会说服自己的父母的，他们还是听我的想法。之后两个人的感情藕断丝连、分分合合，痛苦又拧巴。

看着女孩一直执迷不悟地爱着一个没有那么爱她的人，家人给女孩安排了相亲。在短短一个下午，女孩相亲了三次，见了三个男孩。不仅女孩连连摇头，家人也跟着说不行，至少要比现在这个男朋友强，才可以接受。

这个男朋友已成为她找男朋友的标准，比如身高、学历、家境，还要有能力落户上海，在上海买房。种种细节算上，这个男朋友已经超越了沪漂的大多数男孩。男孩其实是女孩的理想型。爱情中有个奇怪且成立的理论，就是多半你特别喜欢的，都是匹配不上的人。一见钟情，特别幸运，也需要绝对的条件。

03

爱的条件是什么？女孩问我。

我想可能没有绝对的条件，公园里的那些写在纸上的条件其实不是爱情，是交易。就像有一次，一个朋友给我看他在相亲群里相亲的女孩，写了自己拥有两三套房子，父母现在退休，无养老压力，还写了自己的收入、喜好等。很现实、很直接，她要寻找的男朋友肯定得硬碰硬地比较条件。这个时候，爱入场的方式，考虑的不是情谊，不是三观，而是社会条件，是交换价值。

抛开爱情的现实条件来说，其实人在选择另一半时，在无意识中也会有许多无端的要求。比如要对自己好，要聊得来，要看着顺眼。这种要求，其实是最高的要求。

要求一个人对自己好，首先这个人不仅要喜欢自己，还要拥有对自己好的能力。

聊得来代表了深层次的需求，只有两个人生活背景和教育背景相当，找到共同的话题，才可能有聊下去的机会，这是对一个人精神长相的审美。

看着顺眼，所谓的眼缘，带着不确定性。爱很难一见钟情，只因大多数人都普通。顺眼，是对一个人外在审美的肯定，外在审美是更高一层的要求。你读过许多书，走过许多路，开始理解了你想要的生活，穿上了你想要的衣服，活成了你想要的样子。这个时候的你才是恰到好处，刚刚好的你。

人们在婚恋选择中，越来越趋向于向上选择。选择比自己更好的、更有能力的、更有能量的人。还有的人只能接受向上选择的快乐，仰望时的喜悦，却无法接受结果其实是平庸的，随着年龄的增长，结果有时是向下被动地选择的。所以有人会不甘心，认为这是生活给自己的委屈。能够吞下的人是好样的，不能吞下的人注定要痛苦。人生在世，我们最难认清的真相，其实是把自己有时看得太重，有时又看得太轻。

04

女孩垂下头。那时上海下了大雨，大雨滂沱。我说，你不必觉得难过。

未来的路上，你肯定会失去许多，但一定会得到更多。当有人爱你的时候，你要好好爱别人；当无人爱你的时候，你要好好爱自己。难过的时候，好好与难过和解。快乐转瞬即逝，拥有时，赶紧大笑起来。

我们不能保证想要的东西都得到，也不可能全部如愿以偿。只能在有限的拥有中，理解生活的馈赠，不是空穴来风，自有它的道理。

如果你很爱很爱一个人，却发现对方没有那么爱你，那么请你相信我，最重要的不是放过别人，而是放过自己。执念在自己这里，与他人无关。

奇迹和痛苦都来自另一个地方，那个地方和我们想象的并不一样。你必须跌倒，必须投入，比如大哭一场，或者颠沛流离，才明白爱和自己想得不一样。然后，你变得更坚强。坚强之后，带着理性的爱，感情才可能会更持久。

要相信，你并不是一直这样

01

最近两年，我一直在采访各种人，遇见各种有故事的很特别的人。

在列采访提纲的时候，我有几个特别羡慕的人，曾特别期待采访到他们。当时只是查阅他们的材料，翻看他们的书籍，就觉得这些人太有趣了。后来要做访谈节目，深入交谈以及了解后，发现他们也并非一帆风顺。每个人都有自己的功课要做，功课艰辛又困苦，无一例外。

但这些成功的人都有一个特质，那就是不管把他们放在多么糟糕的际遇中，不管他们面对着怎样庞大的困境，他们都能跳出眼前的生活。

所谓的跳出生活，就是活在其中，但不完全属于生活。不把人生看成一场赛跑，而是看成一次漫游。

02

去采访一个大学老师，她的一次经历令我记忆深刻。她刚刚去大学教书时，以为自己的人生就是这样了，备课讲课，上课下课，三点一线，不会再有任何欣喜以及变化。她就像窗外的树一样，等风给她讯号，给她指引，让她重新发现自己的另一种可能性。

一次上课，她如往常一样点名，学生们也一声声应答。当她念到一个女生的名字时，却没听到意料中的应答。于是，她连续念了三遍。有人告知她，这个女生已经离世了，这句话说得冷漠且客气。顿时，空气沉默。

这个时候，她看到一只小鸟从窗外飞过，仿佛它刚刚一直在听，然后飞走了。一只鸟的飞走，一个人的离开，会很突然且不会给人们留准备的时间。老师的心情很悲伤，她这节课要分享的诗文，恰恰是陶渊明的诗文，里面有几句她很喜欢："亲戚或余悲，他人亦已歌。死去何所道，托体同山阿。"

一个人离开后的遗憾与悲痛还没有消失，身边的人就要重新开始自己的生活了。来不及停留，生活已经把你推向另一个时间的通道，仿佛那个人，那场死亡与你毫无关联。那节课结束后，大家离开了课堂，她还站在课桌前，等待鸟的光顾。但她再也没有等来那只鸟。

经历了这件事情后，她开始意识到人生无常，所以更要享受时间。怎么享受时间？要带着一种戏谑的精神，敢于嘲弄自己，否定自己，但也要告诉自己，不会一直是这样。努力后，再说随遇而安，会有一种踏实感、愉悦感，不努力就开始躺平的人会有罪恶感，也会浑浑噩噩。

她开始书写自己对诗文的理解，对无常的理解，对历史人物的感同身受。记录，让她的时间鲜活了起来，仿佛逝去的每一分钟，都有了不同的意义。

不为写作而写作，跳出写作之外的喜欢，才是对写作最大的尊重。热爱生活，但随时可以跳出现在的生活，才是对自己最大的挑战。她的书写得特别精彩，被邀请去了各种平台分享。越来越有名气时，她又拒绝了所有人的采访，安安静静地钻到了书稿里。

回首之前求学的时光，当时的她在国外求学，特别喜欢一个男孩，她去表白，被拒绝。于是，她挂着眼泪，走了三个地铁站，回到家，洗了热水澡，洗到分不清泪水和洗澡水，心情才好了起来。回到国内，朋友们笑她三十多岁还在读博士，不能赚钱，不去谈恋爱，显得她是那么愚钝、天真、缓慢，且无力。

当时的她无力还击，却也欣然接受。她说，不能控制别人怎么评价自己，但自己知道，自己不会一直这样。无论眼前是好的际遇，还是坏的经历，她都不会保持一种姿态前行。

掌声与赞美，终有落地时。糟糕的心情与状态，也不会持续太久。有人说，残酷与温暖是人生之树上的枝叶，有的靠近树冠，受到更多的阳光照耀；有的在底部，感受大地的寒露更多。温暖、残酷，都比不上越来越自由的心，它可以感知岁月的力量，也可以让自己时时刻刻跳出自我。

03

我读产品设计研究生课程时，认识了一个同学。她刚入行做一款产品的设计，工作单位也是行业很棒的产品设计公司。因为她是新人，那群名校毕业的高学历的同事们并不认可她的能力。

她当时挑战的是一个新的众筹合作项目，之前公司有个同事做了半年，无果。交给我这个同学做的时候，她顶着压力，去向合作伙伴学习，去真诚地跟对方交流，期待有所突破。

那是一个下午，她跟着去合作的公司开会。她的同事狂傲地介绍她在做一个低配版的众筹项目，合作方也笑了起来。那一刻，她的心情跌到了谷底，看向窗外，突然惊喜地发现了迎春花，很小的花朵，且不止一朵，仿佛在等某个未来怒放。她突然认为这意味着自己的好运即到。她不属于这一刻，被嘲讽的，特别潦倒的这一刻，她属于未来，被接纳，做出成绩，自信的那一刻。

她和我一样，进修了产品设计的研究生课程，认真虚心地向合作方请教。没想到，项目不仅成功，还远远地超过了预期。毫无疑问，当你全身心投入去做一件事，结果一定比预期更好。

04

海德格尔提出过一个有趣的观点：人类的时间与宇宙的时间恰好相反。宇宙的时间是过去，现在，未来；而人类的时间参考轴却是未来，现在，过去。

一个孩子为了未来考取好的大学，所以要投入所有的精力去学习；一个学者为了未来的永垂不朽，他要努力，所以只能舍弃现在的幸福；一个创业者为了未来的财富，要牺牲现在娱乐的时间，投入工作中。为了未来，我们必须在现在，忍受所有的折磨与压力。

事实上，人很难预知未来，但人又喜欢给未来加码，于是，我们一直在生活中沉浮。要知道你不会一直这样，过去、现在、未来是流动的，你不必计较一时的快慢、得失。因为人生不是一场比赛，而是一次浪漫的漫游。

在这场浪漫的旅程中，要尊重底层规律，相信相信的力量、相信自己的能力、相信改变的规律，更要相信，不管正在经历着什么，你都是最与众不同的那一个。

不想再回到过去的人

01

收到定居东京的前同事留言，祝福我新年快乐，同时也问了一个问题：“如果真的存在时间通道的话，你还愿意回到过去吗？”

整个春节，我都在思考这个问题，与其他朋友见面，我也会问他们。听着别人回答，我也在总结自己的答案。

与他人不同，读博尔赫斯的《小径分叉的花园》时，我就认为时间通道一定是存在的。我们可能在人生的无数个时刻，早就进入过无数个通道中，只是在自己浅薄的认知里，没有发现，没有记忆，也无法追溯。

高中同学说要去北京聚一聚。每次聚会，他们都会带着自己的家人，而我每次都会错过。他们把聚餐时的照片和视频发给我看，我认真浏览他们传来的照片，年复一年，对比之下，竟觉得他们比年轻时更加鲜活灵动，充满了生活的气息。再看向镜子里的自己，仿佛也比之前灵动许多。

二十几岁的时候，说不清楚是因为自卑，还是因为未能深知生活的本质，从而缺乏掌控世界的能力，总是透露着一种青涩且盲目的感觉。反倒是近些年来，我一年比一年更加舒展自在，心境也愈发明媚起来。

我之所以不愿意参加聚会，可能是在逃避与过去的自己见面吧。见到从前的朋友、同学，可能会口若悬河地分享种种改变，但有时也会冷场到无话可说。至今，我都没有参加过任何一场、任何阶段的同学聚会。我默默地下定决心，等我写出更好的作品，一定要送给他们每人一本。但一直写到了第十二本，还是没有勇气送给大家。

倒是不断地有同学主动给我分享，他们阅读了我的书的一些感受，并鼓励我："好好写下去，你代表的不仅仅是你自己，更是我们的成长与希望。"

也有同学会来祝福我："谢谢你一直坚持写作，让我认识到坚持的可贵。你活成了我理想中的模样。"

一个埋头苦写的写作者，很难关注到外面的世界发生了什么，但总有正面的反馈，如流水般如约来到你的生命里，让你变得更为自信。年轻时，我好像是那种很需要他人肯定，来证明自己是谁的人。年长后，这种情绪才得以中止，不再有类似的自卑。所以，我不愿再回到过去，因为过去、现在、未来本是一体。我带着期待，一直往前走。

02

细细思索，我好像是在30岁之后，才学会了如何真正快乐。20多岁的时候，对成功的渴望太过单一，所以，总是用各种数据来衡量或记录自己的生活：要前往最大的城市；要去陌生的人群中；要去讲述自己的故事，让更多人看到……这种执念近些年才得以缓和。

2024年的夏日，我去逛画展，采访了一个20多岁的年轻策展人。他说自己五年时间策划了一百多场展览，我从内心认可他的优秀。量的积累成为质的飞跃，需要走过一定的时间。请珍惜这段时间，它是成长的一个必经阶段，而后人才走向真正的成熟。

当然，我更期待未来某一天。那时总结过去的经历与体验，我将这样描述自己：我尝试了多少写作的方向，我曾经去过多少地方，我的内心怀有多少希望。

03

我们已经从结果哲学转向了过程哲学，享受过程，淡化单一的标准对自己的束缚。

过去的一年，我计划采访五十个人，这个计划已经结束了。这一年很累，但也惊喜地发现我的输出能力比之前好了很多，最大的收获是能自如地表达情绪。

之前对情绪会有一种恶意，不管是好的情绪还是坏的情绪，都会尽力压制，不敢太快乐，也不愿承受悲伤。现在明白，拥有平静的情绪，虽是束缚，却也是期待与要求。

每走一段路，我都会让自己停下来总结，然后带着重新得到的智慧继续远行。若有可能，我更期待未来，把时间花费在音乐上、文字上，用心去看画展，去看一场日升日落，去冰岛看极光……

去帮助真正需要帮助的人，去热烈无畏地爱，挖掘内心深处的真善美。真是知识，善是意志，美是情感。知识、意志、情感，不仅仅是人内心的某种力量，更是修行与功课。

白天忙于采访，夜晚沉浸在小说创作中。创作者的生活，类似于修行者的自律，悄悄把每一个不那么热爱写作的人驱逐出他的世界，留下的，不仅仅是真正的喜欢，也是带着欢喜心看淡一切来去。

我们都是时光的旅行者、漫游者。享受不是一个空泛的词语，而是踏踏实实的行动与体验。

后　记

01

在最后的这篇文字里，我想聊聊自己。

写作那么多年，收获了许多读者，慢慢地，他们成了我生命中的一部分。我把这些读者看得特别重要，也一直在用文字与他们交流。我们互相陪伴着走了很远的路。

那天我直播，有个读者给我留言：你千万别红，就好好做小众的写作者。没有那么多人打扰，你需要一边应对生活，一边写作，我们才会有类似的成长，你写的文字不会高高在上，我读起来也有收获。你打拼的样子，给了丧丧的我一些星光。

另外一个读者留言：我不舍得把你分享给别人看，我只想默默地喜欢你。你呢，就默默地写作，写短篇、写小说、写孤独、写成长。无问西东，仙里仙气。

看着他们满屏热情的留言和互动，我蛮感动的。我并不是那种非常自信、非常乐观的写作者，虽然我很努力，但我之所以那么拼，是因为我骨子里其实是悲观主义者，有些自卑，有些孤独，也时常会落寞。

在写作、成长的路上，我一直转换在北京、上海这两座城市之间。十年来，我以相同的方式迎接了许多年轻的朋友，也以不同的方式送别了许多的年轻人。人潮散去，我还站在原地，并努力站稳了脚跟。所以我能理解身处黑暗中的人的那种焦急和绝望，也能理解不被人看到时的那种失落、低沉，更能感同身受如一束光般站在舞台上时的骄傲与欣喜。

我都走过、遇见过、经历过，如今依然走在从黄昏到黎明的那条通道上。我坚信自己一定可以看到光，也一定可以拥抱到光。但我也深信，自己需要时间。我在写稿的时候，好几次写到长期主义者，是因为我相信只有这群人才能真正地走到塔顶。我期待自己和读者以及朋友们做同行者，有共同的方向，一起向前走，一起走很远。

02

我去直播，很多读者问我，你平日里是一个什么样的人，过着什么样的生活？

我脱口而出，一个孤独的老好人，一个浪漫的旅行者。如同一粒沙、一颗星，散落在沙滩、迷失在星河。

当然，任何一个简单的词语，或者一句话，都无法概括一个人，但我认为这句话真的是我内心的真实写照。我给自己的要求是：要非常努力，绝对的付出后，再去看淡结果。一个人在年轻时没有争取过，没有拼命过，就对生活妥协了，在以后的岁月中会很辛苦，也会后悔。

我骨子里应该是一个绝对老好人的状态，只在意自己在乎的，忽略对我影响并没有那么大的情绪和得失。我总在想着如何去满足别人，即使自己有所牺牲，也在所不惜。我是一个完美主义者，如果我对身边的人没有绝对的满足，就会心有不安。我也是一个很难放过自己的人，一件事没有完美的结果，我会心心念念许久，无法释怀。

许多人以为我朋友很多，经常问我要一些资源。我总能很快地在朋友圈搜出来，并把一切安排妥当。他们对我说，谢谢，你真好。然后调侃我，你怎么认识这么多人，还能与他们保持好的交情！

我并不是那么敏感的人，但类似的话，总会让我有一些压力。是的，我很容易活得很累。

所以，我特别喜欢黄昏的景象，那真的是一天中最美的时刻。夜幕降临，街头人们的背影渐渐模糊，渐渐沉落在黑暗中，我会有一种快乐的情绪。走在黑暗中，抱着自己的孤独，以及对这个世界的理解，不必在意自己是谁，这种感觉，真好。

03

我也很容易感动。因为开写作班，我特意给一些参与的朋友写过信。其中许多朋友都是我的读者。写信之前，我会在晚上给他们打电话，自此也收获了许多心情、许多故事。我开始认识到普通人的优秀、日常，他们也有着浪漫的文学时刻，也有着需要我不断去捕捉、去书写的庞大空间。

这个新年，对我来说意义非凡，我写了好几十封信，安慰、鼓励、祝福了许多人。他们收到我的信件，给我反馈的爱与信任，沉甸甸，也很温情。爱与温暖都是相互的，当我们开始主动向陌生的人群迈开第一步，那些人一定会向我们迈出更多，付出更多。

在与他们沟通时，收到朋友们一句不经意的温暖留言、节日祝福，我也会看许久。真的，新的一年，我期待自己很强大，拥有很多的能量，拥有许多的爱，拿出更多的时间去保护我爱的人，也能呵护到爱我的人，靠近我的人。

成年以后再结交朋友，真的会很难，尤其在生活节奏很快的北上广。我很能理解一些优秀的人为何一直单身，他们可能一直在高速旋转，根本没有时间，也没有空间，去了解另一个人。

但文字就是那么神奇，那么有力量，那么有穿透力，仿佛一下就可以找到同行者，我们气质相通，对这个世界有着相似的理解和爱。于是，在我文字的世界里，我们相聚、相投。但愿会有更好的成长，这样才可以走得更远。

据说，围绕在我们身边的人，与我们相处一直有两种法则。一种是来与你交换价值的，你值得的时候，他们在，你不值得的时候，他们消散。还有一种不管你是谁，拥有什么，或一无所有，他们都在。好好珍惜第二种人，因为他们是稀缺资源。

那么，我愿意做你的第二种朋友。

04

在最后，我想感谢一个朋友——我的儿子，星河。

我一直在写书、写作，错过了一些他成长的片刻。而那些片刻，都藏在了过去的某个时间点。我没有参与，所以内心会有遗憾。每个晚上，他都在我身边安然地睡着。他那么纯洁，那么安静，那么坦然的睡觉姿势，让我沉迷其中，一看就会看许久。坐在他的身边，想象未来某一刻，他终于长大……并为此写下许多首诗歌。

在孩子这面镜子面前，仿佛投射出任何大人的缺陷与心结。我这个容易失眠的中年人，在他的纯净和爱面前，渐渐被温暖，心也变得单纯、安静。心变得非常安静的时候，才会柔软，此时我们看待任何事物，眼神仿佛都闪着光，得到和失去万事万物的理由，也都可以被接纳。

我期待我和你们一样，拥有让心变得安静、柔软的能力。那时，我们再看眼前所有的人与是非，仿佛都会有另一个出口，另一条路可走。

亲爱的朋友们，尤其是那些一直陪着我写作的你们，谢谢你们一直陪伴着我、鼓励着我、支持着我。那些新来到我文字世界的朋友们，我坚信在某一时刻，我们也会成为心灵相通的朋友。

愿我的文字和故事，可以陪伴孤独的你片刻，给你力量，也给你无尽的温暖。

再见，我们一定会再见。等我准备好新的故事，也等你从远方归来。

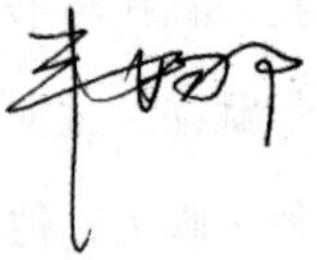